편

ㅣㄱ 네도 좋으니까

정명찬 지음

Everything is better
when it smells good

크록

목차

제 1 장   한 방울의 마법

제 2 장   위대한 향기 유산

제 5 장   **향기 생활 레벨 업**

학창 시절을 보낸 베트남은 일상 곳곳에서 선명하고 살아 있는 냄새를 맡을 수 있는 나라였다. 아침이면 거리에서 피어오르는 향과 함께 하루를 시작하고, 식사 때마다 향을 머금은 차를 마시는 나라. 시장 곳곳에선 말린 과일의 진득하고 달큰한 냄새가 시선을 잡아채고, 고소하고 진한 로부스타 원두로 내린 커피는 나른해진 오후를 깨우는 쉼표가 된다. 묵직한 햇볕에 바짝 마른 옷에서는 구운 토스트처럼 폭신하고 따뜻한 향이 나고, 때때로 쏟아지는 스콜에 거리의 식물들은 기다렸다는 듯이 자신의 체취를 실어 보낸다.

그래서 나는 참 많은 것을 냄새로 기억한다. 비 냄새에 떠오르는 하굣길의 즐거움, 오래 끓여 낸 쌀국수 국물 위에 고수와 민트를 얹어 느지막이 시작하던 주말 아침, 책상 위를 기어다니던 개미를 치우다가 남은 시큼하고 기름진 흔적, 두통이 있을 때면 이마를 문지르던 맵고 시원한 허브 오일까지. 이 모든 것은 향수나 샴푸처럼 화려하거나 아름다운 향기는 아닐지 몰라도 매일의 시간이 녹아 있는 삶의 한 조각이었다.

인간에게 후각은 다른 감각보다도 더 원초적인 감각이다. 태아 상태 15~20주부터 후각 기관이 만들어지기 시작하고, 탄생 직후부터는 셀 수 없이 다양한 후각 자극을 경험하고 기억하기 시작한다. 심지어는 태어나자마자 딸기, 바닐라와 같은 좋은 향기는 쉽게 받아들이는 모습을 보이고 썩은 달걀 냄새 등 악취는 거부한다는 연구 결과도 있다. 신생아라면 실제로 썩은 음식을 접한 경험도 없을 텐데 본능적으로 감지하고 기능한다는 게 신기하지 않은가?

본능적 감각인 만큼 향은 오랜 시간 인간과 함께했다. 우리 민족의 시조인 단군 신화 속에는 사람이 되고 싶었던 곰이 쑥과 마늘만 먹으며 100일의 시간을 견디는 시련이 묘사된다. 왜 하필 쑥과 마늘일까? 여러 가지 의미가 있지만 쑥과 마늘이 가장 한국적인 향을 가진 허브여서가 아닐까? '서양 사람에게선 치즈 향이 나고 한국 사람에게선 마늘 향이 난다'는 말을 뒷받침하듯 2015년 한국을 방문한 에르메스의 조향사 장 클로드 엘레나(Jean-Claude Ellena)는 한국에서 처음 느낀 향이 '마늘 향'이라고 했다. 쑥 또한 우리는 일상에서 친숙하게 섭취하지만 해외에서는 쉽게 찾아보기 어렵다. 그렇다면 마늘과 쑥의 독특한 향취가 우리 민족과 가장 잘 어울리기 때문에 단군 신화에까지 등장한 것이 아닐까 하는 즐거운 상상을 해 본다.

지금 향기는 일시적인 트렌드를 넘어 하나의 문화로 자리 잡았다. 한 병에 100만 원에 육박하는 향수는 홈쇼핑에 소개된 지 얼마 되지 않아 완판되었고, 향이 좋다고 소문난 핸드크림은 단골 생일 선물이 되었다. 캠핑 갈 때는 인센스를 챙기고 차 안에 둘 방향제를 찾는다. 흔하게 맡을 수 없는, 남들과 다른 향을 찾아 브랜드 개성이 강한 니치 향수 세계를 탐구하고 유명하지 않은 브랜드를 부러 구매해 보기도 한다. 집들이 때마다 향초를 선물 받아서 웬만한 정전은 걱정되지 않는다고 웃던 지인도 있었다. 독립해서 따로 살게 된 부모님 댁에 갈 때 현관문을 열자마자 느껴지는 집 냄새만큼 향수(鄕愁)를 부르는 향수(香水)는 찾을 수 없다.

향을 활용하는 방법도 계속 진화하고 있다. 후각이 인간의 감정과 기억에 영향을 미친다는 연구에 기반해 치매 치료에 향을 활용하는 시도가 생기는가 하면 상업적으로는 소비자들이 공간에 오래 머물며 소비할 수 있도록 전략적으로 향을 배치하기도 한다. 우리가 향의 존재를 알아채지 못하더라도 우리의 후각은 열심히 자극을 받아들이고 있다. 기분 좋은 냄새를 맡으면 경험에 대한 전반적인 만족도가 올라간다. 그래서 전시나 공연처럼 순간의 경험이 오래 기억되길 바라는 공간에서는 더욱 적극적으로 향기를 활용하고 있다. 점점 더 많은 영역에서 향기를 굿즈로 출시하는 것은 향기가 내가 좋아하는 존재와 감각을 공유하고 가까이에서 느낄 수 있는 수단이기 때문일 것이다.

이런 복잡한 이야기는 차치하더라도 나는 결국 향과 가까운 일을 택했다. 지금의 회사와 브랜드를 운영하기 수년 전에 이미 창업에 도전했던 나는 첫 사업체가 안정되기 시작하면서 오히려 가장 힘든 시기를 겪었다. 함께 일하던 사람과의 트러블, 체력만 믿고 불태우기만 했던 20대는 번아웃으로 끝이 났다. 스스로 돌보지 못했던 시간이 쌓여 불안 장애 증상까지 감당해야 했던 암흑기에 위로가 되어 준 첫 번째 존재는 바로 향기였다.

처음은 너무나 사소했다. 번잡한 마음을 감당할 수 없던 나는 멍하니 방에 틀어박힌 시간이 길었는데, 그날은 고개를 들었더니 눈앞에 향초가 하나 보였다. 그저 흔하게 볼 수 있는 작은 향초였다. 포장도 뜯지 않고 화장대 위에 올려놓았던 향초를 보자 무언가 생각하기도 전에 라이터를 찾아 불을 붙였다. 아마 교복을 입던 학생 시절에 가끔 일렁이는 촛불을 바라보던 기억이 떠올랐을 수도 있다. 시리던 새벽, 쌓여 가는 감정과 스트레스를 꺼내 놓는 방법조차 모르던 미숙한 나는 그때 처음으로 가슴속 소용돌이를 잠재우는 불꽃을 만났다.

눈앞에서 불꽃이 사라져도 그 자리에는 향기가 남았다. 마치 계속해서 내 주위를 맴돌고 있는 것처럼. 끝을 모르고 가라앉던 생각이 처음으로 아래가 아닌 방향으로 튀었다. 이 향의 이름은 무엇일까? 다른 초에서도 비슷한 향이 날까? 향기가 그립지만 불을 붙일 수 없는 날에는 향수를 뿌렸다. 적어도 향수의 스프레이 캡을 누르는 그 순간만큼은 생각과 감정의 폭주가 멈추었고, 단 1초의 쉼표가 주는 힘은 컸다. 그래서 향을 시작했다. 내가 느낀 위안, 다시 얻은 기회, 새로운 방향을 더 많은 사람과 나누고 싶었다.

그렇게 일을 시작했으면서도 얼마나 많은 사람이 재미있어할지는 가늠할 수 없었다. 향에 대한 관심이 점점 커지고 많은 사람이 향을 좋아하는 건 맞는데 '향기 자체가 아닌 향기에 얽힌 이야기에도 흥미가 있을까?', '괜히 나만 좋아하는 이야기하는 거 아닌가?' 하는 생각에 처음에는 소심하게 짧은 이야기로 첫발을 뗐다. 외부 출강이나 워크숍 프로그램 초창기에는 주로 '헝가리 워터'나 '샤넬 N°5'처럼 모두 알고 있는 익숙한 향수 이야기를 소개했다. 그런데 웬걸 듣는 분들이 너무나 흥미로워하고 또 다른 이야기를 궁금해했다. 특히 향수를 잘 고르고 잘 사용하는 법, 향기 인테리어 팁 등은 공통적으로 알고 싶어 하는 내용이었다. 자고로 좋은 건 나누어야 하는 게 인지상정이다. 흥미로운 에피소드를 편하게 읽다 보면 일상 속 팁까지 얻어 갈 수 있는 향 이야기를 모으고 싶다는 욕심이 생겼다.

이 책의 1장에서는 존재 자체만으로도 상징적인 향수와 브랜드 몇 가지를 소개한다. 익숙한 향수가 등장하는 반가운 파트일 수도 있고, 생소해서 더 흥미롭게 느껴지는 브랜드의 비하인드 스토리가 될 수도 있다. 다음 2장에서는 본격적인 향수의 세계로 빠지기 전에 인간은 어떻게 향을 쓰고 발전해 왔는지 훑어본다. 과거로부터 새로운 영감을 얻을 수 있길 바라는 마음으로 준비했다. 3장은 대표적인 향수 계열 10가지를 소개하며 어떤 특징을 가지고 어떻게 활용할 수 있는지 제시한다. 이 장만 읽어도 앞으로 훨씬 더 쉽게 향수를 파악할 수 있을 것이다. 이제 향 계열에 대해 전반적인 그림을 그릴 수 있다면 본격적으로 활용할 때이다. 4장에서는 향을 고르고 얻은 뒤 사용하는 모든 과정에서 도움이 될 만한 정보를 정리해 놓았다. 사소하지만 궁금했던 내용 그리고 알아 두면 유용한 꿀팁을 모아 소개한다. 마지막 5장에서는 향긋한 냄새를 풍기는 것 외에 향기가 어떤 역할을 할 수 있는지 숨겨진 향의 힘을 풀어 보았다. 당신의 향 생활 레벨을 한층 더 업그레이드시켜 줄 것이다.

당신에게 향기는 어떤 의미로 다가오는가? 고단한 하루 끝에 깨끗하게 빨아 놓은 잠옷에서 은은하게 풍기는 섬유 유연제 향과 상큼하고 달콤한 보디로션 향을 맡으면 또 그럭저럭 나쁘지 않은 하루였다는 생각이 든다. 나를 위한 향을 찾고 소중한 사람을 위해 향기를 선물하는 건 어쩌면 하루하루를 지켜 내기 위한 노력일지도 모르겠다. 향기가 좋으면 아무래도 좋으니까.

향수는 어떤 액세서리보다도 편리하다. 복잡하게 착용할 필요 없이 단 한 번의 손짓만으로 내가 공유하고 싶은 취향을 드러내고 내 고유한 매력을 극대화한다. 아름다움을 추구하던 패션 아이템에서 나의 예술 세계를 구축하는 또 다른 표현 방법이 되기도 한다. 우리의 일상을 향기로 물들이는 마법은 끝나지 않는다.

제 1 장

한 방울의 마법

72세 여왕이 프러포즈를 받은 비법

우리가 향수를 뿌리는 이유는 무엇일까? 세상에서 가장 소중한 존재, 바로 본인을 즐겁게 하기 위함도 있겠지만 향기는 아주 오래전부터 타인에게 매력을 어필하기 위한 치장의 수단으로 여겨졌다. 장점을 강조하고 상대에게 호감을 줄 수 있는 향기를 온몸에 둘러 직접적이면서도 우아하게 자신의 존재감을 드러내는 것이다. '나 여기 있어요'라고 직접적으로 이야기하는 것보다 은근하고 확실한 방법이다. 양귀비와 클레오파트라 등 동서양을 막론하고 역사적으로 미인이라는 평가를 받는 여인에게는 모두 강렬한 향이 있었다고 한다. 향수가 만들어 줄 수 있는 매력이 어디까지인지 알 수 없지만, 그 마법 같은 효과를 누린 한 여왕은 결국 50년의 나이 차를 극복하고 사랑을 쟁취한다.

14세기 헝가리의 엘리자베스 여왕은 평소 두통과 통풍, 류머티즘 관절염 등 여러 지병을 앓고 있었다. 권력의 정점에 올랐음에도 매일매일 찾아오는 통증 때문에 항상 얼굴을 찌푸릴 수밖에 없었다. 효과가 있다는 약과 치료법을 계속해서 시도했지만 큰 차도 없이 실망하는 날만 반복되었다. 그러던 어느 날, 병에 괴로워하던 72세의 여왕에게 한 은둔자가 다가온다. 세상의 학문을 연구했다고 주장하는 이

은둔자는 '여왕의 아름다움을 되돌리고 죽을 때까지 지켜 줄 약'을 건넨다. 은둔자가 건넨 정체 모를 액체를 받아 들며 '이번에도 다를 것 없겠지'라는 체념과 '이번엔 설마?'라는 희망을 동시에 느낀 엘리자베스 여왕은 반신반의한 마음으로 신비의 치료제를 통증 부위와 얼굴에 바르게 된다.

큰 기대를 하지 않고 발랐는데 놀랍게도 치료제를 바른 부위에서 특별한 상쾌함이 느껴졌다. 상쾌함과 함께 오랜 시간 괴롭히던 통증이 약해지는 것만 같았다. 잊고 있던 활력마저 되돌아오는 기분을 느낀 여왕은 곧 이 새로운 '약'에 반하고 만다. 통증이 있던 부위뿐만 아니라 전신에 이 치료제를 바르고 항상 손 닿는 곳에 두고 애용했다. 그것만으론 부족하다고 생각했던 여왕은 이 치료제를 넣은 물로 목욕도 즐기게 되었다. 그렇게 치료에 열중하던 어느 날, 여왕은 놀라운 제안을 하나 받게 된다. 무려 72세였던 여왕에게 젊은 폴란드의 왕이 청혼해 온 것이다.

이는 알코올을 용매로 한 최초의 현대적 향수라고 전해지는 '헝가리 워터'(Hungary Water)에 얽힌 이야기다. 금을 창조하기 위해 평생을 바친 연금술사들은 금을 만들어 내는 것에는 실패했지만 대신 알코올을 발견했다. 알코올의 발견은 향수 세계에서도 혁신을 불러왔다. 향료 원액이나 향을 품은 원료를 그대로 사용해야만 했던 과거와 달리 알코올에 녹인 향료는 훨씬 더 멀리 퍼지고 사용하기도 쉬웠다. 바로 옆에 있는 사람이 아니더라도 내 향기를 멀리 보낼 수 있게 되었다. 그렇게 알코올에 향료를 섞은 우리가 흔히 알고 있는 형태의 향수가 탄생했다.

안타깝게도 '젊음의 묘약'이라 불리는 헝가리 워터의 구체적인 레시피는 전해지지 않지만 주원료는 로즈메리와 브랜디라고 한다. 로즈메리 향을 맡아본 적 있는가? 흔히 허브 냄새라고 하는 약간은 매우 면서도 시원한 향이 매력적인 향이다. 로즈메리 향은 집중력을 높여 주고 머리를 맑게 해 주는데, 그만큼 개운한 향이 매력적인 향이다. 그런데 이런 로즈메리를 알코올에 희석해서 팔이나 손에 문지르면 어떨까? 아무것도 섞지 않고 문지르기만 해도 시원한 알코올에 개운한 로즈메리 향을 섞었으니 지긋지긋한 관절염과 두통에 시달리던 여왕은 새로운 차원의 차가움을 경험했을 것이다. 마치 모기가 물고 간 자리에 물파스를 바른 것 같은 짜릿한 쾌감마저 느끼지 않았을까.

우리는 상처를 소독하기 위해 알코올을 사용한다. 마찬가지로 로즈메리에서 추출한 천연 향료, 에센셜 오일도 일정 부분 살균 작용을 한다고 알려져 있다. 그렇다면 이 둘이 섞인 헝가리 워터도 단순히 시원한 향이 나는 액체가 아니라 어느 정도 소독과 살균 작용을 하지 않았을까? 지금과 달리 위생 관념이 부족했던 14세기에 알코올과 로즈메리로 매일 꾸준히 온몸을 살균했다면 피부에 있던 가벼운 상처는 심해지지 않고 깨끗하게 나았을 것이다. 또 세균 감염을 막아 주는 효과도 있어 질병에 걸리는 일도 줄어들었을 테다. 불결한 생활 양식 속에서 병을 달고 사는 게 당연하던 당시 사람들에게 건강하고 맑은 피부의 여왕은 젊음을 되돌린 것 같이 신비롭고 매력적으로 느껴졌을 것이다.

헝가리 워터의 원본 레시피는 전해지지 않지만 헝가리 워터 이야기에서 영감을 받은 많은 향수가 개발되었다. 헝가리 워터를 모티프로 한 향수는 세부적인 향은 조금씩 달라도 공통적으로 로즈메리와 허브 등 여러 에센셜 오일을 사용해 시원하고 깨끗한 느낌을 준다. 살균과 진정 효과가 있는 에센셜 오일을 포함하고 있어 향수뿐만 아니라 피부에 직접 사용하는 화장수로도 널리 사용된다. 아마 헝가리의 엘리자베스 여왕도 통증 부위 피부가 맑아지고 촉촉해짐을 느껴 전신과 얼굴에도 바르기 시작했을 것이다. 실제로 헝가리 워터를 검색하면 직접 만든 천연 헝가리 워터로 피부가 깨끗해졌음을 간증하는 여러 글과 관련된 상품을 확인할 수 있다.

시원하고 상쾌한 향을 뿜으면서 통증을 잊게 하는 영혼의 물, 헝가리 워터. 마침내 연금술사들이 젊음을 되돌리는 마법 약을 만들어 냈다고 주장할 법한 혁신적인 뷰티 상품이 탄생했다. 20대 왕에게 구혼을 받은 72세의 엘리자베스 여왕은 향수로 본인 매력을 극대화한 최초 인물로 지금까지도 그 상징성을 띠고 있다.

오 드 코롱 향을 아시나요?

　하루 중 수면에 단 4시간 만을 투자하며 "내 사전에 불가능은 없다"라는 말을 남긴 프랑스의 영웅이자 황제였던 나폴레옹 1세는 군사 지도자로서 엄청난 업적들을 남겼다. 아직도 수많은 사람이 위인으로 삼고 닮고 싶어 하는 나폴레옹의 리더십이 시대를 초월해 널리 알려진 것에 비해 그의 라이프 스타일에 관심을 가지는 사람은 많지 않다. 수많은 전쟁터에서 승리를 거머쥔 나폴레옹은 사실 전속 조향사를 고용했을 정도로 향기를 사랑한 사람이다. 사령관이자 리더였던 나폴레옹 1세는 어떤 향기 취향을 가졌을까? 그가 한 달에 60병의 향수를 쓰는 지독한 향수 애호가라면 믿겠는가?

　그럼 나폴레옹이 빠진 향수는 무엇일까? 바로 '오 드 코롱'(Eau de Cologne)이다. 향이 아니라 왜 향 농도를 알려 주는 걸까? 향수에 관심 있는 사람이라면 이 대답이 말장난처럼 느껴질 것이다. 향수를 즐겨 사용했다는 기록은 있으나 어떤 향기였는지까지는 알 수 없는 것일까? 지금의 우리는 오 드 코롱이라는 표현을 향수의 부향률, 즉 향 진하기 정도를 표현할 때 사용하기 때문에 발생한 오해다. 다시 말해 오 드 코롱은 향수 이름이 맞으며 실제로 18세기 오 드 코롱은 독일 쾰른 지역에서 탄생한 '쾰른의 물'을 가리키는 말이었다.

이탈리아 출신 조향사 파리나(Farina)는 정들었던 고향을 떠나 새로운 지역에서 향을 찾는 여정을 계속한다. 그렇게 자리 잡은 제2의 고향 독일의 쾰른에서 어느 날 우연히 그리운 고향의 아침 공기 향을 마주하고 베르가못과 라임, 오렌지, 허브 등 신선하고 상쾌한 조합을 탄생시켰다고 전해진다. 새로 정착한 낯선 공간에서 그리운 냄새를 맡은 파리나는 얼마나 설레고 기뻤을까? 고향의 가족들에게도 흥분을 감추지 못하고 편지로 이 소식을 전했을 정도로 강한 영감을 받은 파리나는 곧 향수 하나를 완성한다.

고향의 애틋함과 그리움을 고스란히 녹여낸 이 향수는 독일에서 태어났지만 이웃 나라 프랑스에서 더욱 인기를 얻었고, 프랑스인들은 '오 드 코롱'이라고 불렀다. 파리나는 이것을 향수 정식 이름으로 정했고 이렇게 만들어진 오 드 코롱은 향 자체가 가볍고 은은했다. 또한 당시의 향수는 현대 향수보다도 더 옅은 농도로 제작되었기에 금방 휘발되었을 것으로 추측한다. 그러니 향을 나의 하루 중에 잡아 놓기 위해서는 누구라도 나폴레옹처럼 한 달에 향수 60병은 소비해야 했을 것이다.

가볍고 상쾌한 향을 선호했던 나폴레옹과 정반대로 나폴레옹이 사랑한 황후 조세핀은 관능적이고 우아한 향을 선호했다고 알려져 있다. 사향노루의 생식선에서 채취한 머스크 향이 담긴 주머니를 옷 안에 소지하기도 하고, 재스민이나 히아신스처럼 진하고 풍성한 향을 지닌 꽃으로 방을 장식해 그 향을 즐기고 몸에 입히기도 했다. 짙은 동물성 향과 달콤하고 농후한 꽃 향을 눈에 보이지 않는 숄처럼 항상 두르고 다닌 조세핀은 얼마나 매혹적이었을까. 하지만 나폴레옹은 그런 유혹적인 향보다는 황후 조세핀의 자연스러운 향을 더 사랑했던 것 같다. 긴 전투를 끝내고 돌아갈 때 조세핀에게 보내는 편지에 목욕하지 말라는 말을 적기도 한 것을 보면 말이다.

주변에 오 드 코롱을 나폴레옹 향수라고 마케팅하는 브랜드가 종종 보인다. 그중 국내에서는 생소한 향수 브랜드 'Farina 1709'의 오드 코롱이 바로 나폴레옹이 사용했던 그 향과 가장 유사하다고 한다. 하지만 독일 쾰른을 방문하지 않으면 접하기가 어렵다는 단점이 있다. 향은 궁금하지만 쾰른에 방문할 계획이 없다면 국내에서도 만나볼 수 있는 '4711'이라는 브랜드의 오 드 코롱을 추천한다. 4711은 브랜드 소개에서 오리지널 '쾰른의 물' 레시피를 따른다고 하며, 나폴레옹이 사용한 향수가 바로 이 향수라고 말한다.

머리가 맑아지는 듯한 상쾌한 시트러스 향과 신선한 허브 향 그리고 자칫 가벼워질 수 있는 향을 묵직하게 잡아 주는 우디 향의 만남.

아무리 오랜 시간이 흘러도 사랑할 수밖에 없는 조합이다. 나폴레옹은 행사나 외출에서만 향수를 사용한 것이 아니고 목욕한 뒤, 자기전, 심지어 전투에 나갈 때도 항상 오 드 코롱과 함께했다고 한다. 뛰어난 리더이자 전략가였던 그는 어쩌면 계속되는 긴장감과 스트레스를 해소하려는 방법으로 향수를 선택한 것은 아니었을까? 효율적이고 직설적인 성격의 나폴레옹과 복잡하지 않고 또렷한 주제를 가진 오 드 코롱 향은 아주 잘 어울린다. 나폴레옹에게 오 드 코롱은 본인에게 가장 잘 어울리면서 자신이 선호하는 향이고, 또 복잡한 머릿속을 환기해 주는 쉼표로서 생활의 큰 부분을 차지했을 것이다.

전 잘 때 샤넬 N°5를 입어요

"전 잘 때 샤넬 N°5를 입어요." 은밀한 상상을 자극하는 이 문장은 1952년 한 잡지사와 여배우의 인터뷰 중 탄생했다. 섹시한 이미지로 대중의 사랑을 받았던 여배우에게는 대답하기 곤란한 질문이 종종 던 져졌다. 그날의 인터뷰에서도 "잘 때 어떤 옷을 입냐?"는 무례한 질 문을 받은 20세기 대중문화의 대표이자 섹스 심벌 마릴린 먼로는 단 한 문장으로 저급한 의도를 우아하게 포장했다. 한 겹의 향기만을 두 르고 잠에 든다는 답변은 가히 마릴린 먼로의 매력적인 이미지를 극 대화하면서 동시에 샤넬 향수 N°5의 관능적이고 여성스러운 이미지 를 완성한 문장이다.

샤넬 N°5는 세상에 공개된 지 100년이 넘은 향수다. 그리고 전 세 계에서 가장 많이 팔린 향수이기도 하다. 비누가 떠오르는 부드럽고 따뜻한 알데하이드와 여러 꽃 냄새가 섞인 황홀한 향은 그 자체로 샤 넬이 추구했던 세련된 여성을 그려 낸다. 100년이라는 시간에서 알 수 있듯이 역사가 깊고, 또 많은 여성이 쟁취했던 향이라서 젊은 세대 에게는 촌스럽고 오래된 향으로 느껴지기도 한다. 샤넬 여사가 돌아 와 이 소식을 듣는다면 황당하겠지만, 묵직한 플로럴 향을 풍기는 샤 넬 N°5는 어머니 혹은 어머니 또래 여성에게서 자주 맡았던 향이기에 더더욱 '엄마 향수'라고 표현된다. 하지만 시간이 흘러도 흐려지지 않는 이미지가 있다. 클래식의 힘은 여기에서 나온다. 샤넬만이 줄 수 있는 아우라와 기품 있는 여인 같은 향수병에 반하여 우리는 우아하고 고급스러운 스타일 완성을 위해 여전히 샤넬 N°5를 선택한다.

당신은 왜 향수를 뿌리는가? 모두 저마다의 이유로 향수를 선택한다. 향을 좋아하는 것 외에 특별한 상대에게 선물을 받았거나 향수 하나쯤은 뿌려야 할 것 같은 의무감으로 치장의 마지막을 향기로 물들인다. 물론 특별한 이유 없이 향수를 뿌리기도 한다. 이런 경향은 특히 남성들에게서 도드라지는데, '향수를 왜 뿌리시나요?'라는 질문에 '아내가 뿌리라고 해서요'라고 답하는 남성들이 생각보다 많다. 하지만 정말 싫었다면 아무리 아내가 권해도 거부했을 것이다. 이렇게 답하는 분들은 향을 특별히 좋아하거나 향에 지대한 관심이 없더라도 향이 가진 힘을 막연하게 느끼고 있는 사람들이다.

우리는 나의 스타일을 완성하는 도구로써 향을 사용하기도 하고, 때로는 향을 통해 간접적으로 나의 성향과 취향을 드러내기도 한다. 영어로 '향수를 뿌리다'를 표현할 때 '옷을 입다'와 동일하게 동사 'wear'을 쓴다. 말 그대로 향기를 '입는' 것이다. 영어뿐만이 아니다. 한국어에서도 새로운 향수가 나에게 어울리는지 뿌려 보는 것을 '착향한다'(몸에 직접 향을 뿌리는 것)라고 표현한다. 옷이나 제품에 본래와 다른 향기를 더할 때도 향을 '입힌다'라고 표현한다. 옷처럼 눈에 직접적으로 보이거나 보호 역할을 하는 것이 아닌데도 같은 행동으로 묘사하는 이유는 향수는 옷과 마찬가지로 나를 마주한 사람에게 가장 먼저 내가 어떤 사람인지를 표현하는 수단이기 때문이다.

향수를 선택할 때 가장 중요한 것은 사용하는 사람의 취향이다. 너무 당연한 이야기 아니냐고? 맞다. 하지만 타인의 취향은 차치하고 생각보다 우리는 스스로의 취향에 대해서 잘 알지 못한다. 아주 싫어하는 것과 정말 좋아하는 것 정도는 인지하고 있을지 몰라도 그 중간 어딘가의 취향에는 이름을 잘 붙이지 않는다. 그래서 많은 사람이 향수를 선택할 때 혼란스러워한다. '좋아하는 향을 고르라고? 나는 무엇을 좋아하지?' 하고 말이다.

그때 고려하면 좋은 요소가 바로 '어떤 상황에서 사용할 것인가?'이다. 향에 경계는 없지만 상황과 스타일마다 더 잘 어울리는 향은 존재한다. 마치 무슨 옷을 입든지 패션은 자유이지만 때와 장소에 맞춰 스타일링을 하는 것처럼 말이다. 평소 흰 셔츠를 즐겨 입는다면 시원하고 깔끔한 향을 뿌렸을 때 단정한 이미지를 더욱 강조할 수 있고, 발랄한 스타일링이 끌리는 날에는 달콤한 복숭아 향 향수를 사용해 코디를 완성할 수 있다. 중요한 회의가 있는 날에는 화려하고 강렬한 향보다는 차분하고 진지한 인상을 줄 수 있는 향이 좋다.

어떤 향을 선택하는지 만큼 중요한 것은 '어떻게 뿌리는지'이다. 나에게는 세상 무엇보다 향긋한 향일지라도 누군가에게는 괴로운 향일 수 있다. 간혹 대중교통에서 향수로 샤워한 것 같은 사람을 마주치지 않는가? 그들도 타인을 괴롭히기 위해 향수를 뿌린 것은 아니다. 그저 적절한 양을 맞추지 못했을 뿐이다. 향수를 뿌린 뒤 스스로는 그 향에 계속 노출되기 때문에 금방 무뎌질 수 있는데 타인은 그렇지 않다. 향수를 한 번에 많이 뿌리지 말고, 빠르게 날아가는 향이 아쉽다면 향수 전용 공병에 소분해 향이 옅어질 때쯤 한 번씩 뿌려 주는 것이 좋다. 또 밀폐된 공간에서 착향하는 것도 피해야 한다. 좁은 엘리베이터 안에서 누군가가 갑자기 향수병을 꺼내 뿌린다고 생각해 보자. 설령 내가 평소 좋아하는 향일지라도 순식간에 향의 밀도가 높아져 불편함을 느끼게 된다.

향수를 뿌린다는 것은 스타일의 마지막 1%를 완성하는 퍼즐 조각이자 말없이 내 취향을 보여 줄 수 있는 어필 수단이다. 물론 취향이 언제나 같으리란 보장은 없다. 그리고 선호하는 향도 언제든지 달라질 수 있다. 종종 몇 년 전까지만 해도 좋아했던 향수에 손이 가지 않거나 평소에 관심 없던 향수가 어느 날 문득 끌리기도 한다.

　나는 처음 사회생활을 시작할 때만 해도 평생 장미 향 향수를 스스로 구매할 거라고는 생각지도 못했다. 그런데 지금은 왜 장미가 꽃의 여왕인지, 왜 장미를 모티프로 한 향수가 끊임없이 탄생하는지 몸소 느끼는 중이다. 개인의 취향이 변하기도 하지만 어쩌면 학생에서 성인으로, 사회인으로 역할이 변함에 따라 경험하는 상황이 달라지기 때문에 선택하는 향도 달라지는 것이 아닐까. 지금부터 나의 스타일과 환경에 딱 맞는 향을 찾아 마지막 터치를 완성해 보자. 당신의 하루가 한층 더 깊어질 것이다.

농구 선수 등번호 13번에서 시작된 향수

화려하고 독특한 디자인의 향수병으로 가득 찬 선반에서 독보적으로 심플해서 오히려 더 눈에 띄는 브랜드가 있다. 납작한 원통형 병에 살포시 얹어진 작고 까만 모자. 특별한 기교 없이 최소한의 활자만 남겨놓은 라벨. 어떠한 장식 없이 뚝 떨어지는 글씨체. 역사가 깊지는 않지만 단번에 스타로 떠오른 브랜드, 바로 '바이레도'(BYREDO)다.

바이레도는 향수 산업의 터줏대감으로 여겨지는 프랑스에서 시작한 브랜드도, 대표자가 프랑스 출신인 것도, 오랜 시간 축적된 긴 역사를 가진 브랜드도 아니다. 또 정통 조향 스쿨 출신 조향사가 설립한 브랜드도 아니다. 바이레도 이력은 럭셔리 향수 브랜드의 전형적 서사와는 거리가 멀다. 바이레도는 2006년 스웨덴에서 농구 선수 출신 미술학도가 만든 향수 브랜드다. 어느 날 혜성처럼 나타난 바이레도는 탄생부터 지금까지 아주 흥미롭고 신선한 이야기를 풀어내고 있다.

바이레도를 만든 크리에이티브 디렉터 벤 고함(Ben Gorham)은 인도인 어머니와 캐나다인 아버지 사이에서 태어난 스웨덴 사람이다. 학창 시절을 뉴욕에서 보냈고, 토론토에 있는 대학에 진학한 뒤 유럽에서 프로 농구 선수로 활동했다. 뜨거운 코트를 가르며 쉬지 않고 달리던 그는 이후 스톡홀름에서 순수 미술을 전공한 뒤 우연한 기회에 한 조향사를 만나 향수와 사랑에 빠졌다.

이 짧은 요약에서도 벤 고함의 범상치 않은 문화적 배경이 느껴지지 않는가? 이처럼 다채로운 배경을 가진 예술가는 독특한 감성을 숨기기가 더 어렵다. 벤 고함 역시 자신의 다채로운 경험과 이야기를 브랜드 곳곳에 녹여냈다. 가장 대표적인 예로 바이레도 앞 글자 B는 마치 숫자 13처럼 보이기도 하는데, 이는 그가 농구 선수였을 당시 등번호가 13번인 것에서 유래했다. 그의 정체성을 잊지 않겠다는 듯이 가장 앞부분에 선명하게 새겨 놓았다. 그리고 바이레도 향은 저마다의 이야기를 하나씩 품고 있다. 그래서인지 바이레도 향수를 맡고 있으면 블랙과 화이트 향수병이 마치 흰 종이 위에 검은 글자로 쓴 일기장처럼도 느껴진다.

초창기 바이레도 향수 중 하나인 발다프리크(Bal d'Afrique)는 벤 고함이 아프리카에 보내는 애정의 표현이다. 벤 고함의 아버지는 10~15년간 아프리카를 여행하며 살았는데 우연히 당시 아버지가 쓴 일기장을 읽게 된다. 그리고 벤 고함은 비록 아프리카에서 그 모든 시간을 직접 겪은 것은 아니지만 생생하게 적힌 아프리카 사람들, 춤, 음식, 문화에 매료된다. 이렇게 아버지의 여정에 상상으로 동행하며 받은 영감을 표현한 향인 발다프리크는 플로럴 향수이지만 이국적이며 묘한 향으로 다가온다.

아마 평소에 꽃 계열 향수를 좋아한다면 이 향을 맡는 순간 멈칫하게 될 것이다. 아프리카 마리골드와 달콤한 향이 느껴지는 부쿠나무(아프리카산 운향과의 관목) 잎 향을 탑 노트에서 사용해 이국적이면서도 아프리카만의 느낌을 살렸다. 개인적으로 한 문화를 표현하기 위해 그 지역의 향료를 사용하는 방식이 좋아 보인다. 시간이 지나면서 여러 꽃들의 향이 느껴지고, 라스트 노트의 베티버와 시더우드가 우디하면서도 약간은 묵직한 잔향을 남겨 전반적으로 가볍지 않고 포근한 느낌으로 완성된다. 한여름보다는 찬바람이 불 때 더욱 잘 어울릴 만한 향이다.

바이레도에서 꾸준히 사랑받는 블랑쉬(BLANCHE), 라튤립(LA TULIPE)과 같은 향도 좋지만, 엠/밍크(M/Mink) 향을 꼭 시향해 보길 추천한다. 먹과 수묵화에서 영감을 받아 만들어진 엠/밍크는 시향 호불호가 매우 극명하게 갈리는 향 중 하나다. 먹을 갈 때 느껴지는 은은하면서도 서늘한 향을 향수로 표현했는데 '먹 향'이라니 궁금하지 않은가? 항상 글을 가까이하던 조선 시대 선비들에게서는 먹 향이 났다는데 저 먼 스웨덴의 향수 브랜드가 표현한 먹 향과 선비들의 먹 향은 어떻게 비슷하고 다를지 생각해 보는 것만으로도 신비롭고 흥미로운 순간이 된다.

바이레도는 향수뿐만 아니라 화장품, 패션까지 선보이고 있는데 아직 우리나라에서는 향수 외에는 잘 알려져 있지 않다. 벤 고함에게 향수와 화장품, 가방, 패브릭은 모두 그의 창의성과 영감을 표현하는 세상과 소통하는 수단이다. 벤 고함은 처음 바이레도를 세상에 공개하면서 빠르게 규모를 키우기보다는 느리더라도 차근차근 쌓아 가고 싶다고 말했다. 어쩌면 향수는 다른 패션 뷰티 제품과 달리 가장 추상적인 존재이기 때문에 여유로우면서도 확실하게, 더 많은 이야기를 담으려고 하는 그의 철학과 잘 맞아떨어지지 않았나 싶다. 니치 향수 브랜드를 넘어 럭셔리 라이프 스타일 브랜드로 탈바꿈하고 있는 바이레도. 어떤 이야기를 써 내려 갈지 앞으로가 기대되는 브랜드다.

오드리 헵번만을 위한 향

조향 클래스를 운영하다 보면 많은 사람이 '나만의 향수를 가지고 싶어서' 참여하게 되었다고 말한다. 더불어 많은 공방에서 '나만의 향수 만들기'를 홍보하기도 한다. 나만의 향수란 무엇일까. 남들이 잘 쓰지 않는 향료? 내 개성을 잘 표현하는 향? 내가 만든 세상에 하나뿐인 향수? 세상에 없던 특이한 향취? 이처럼 개인의 취향이 더욱 섬세해지고 중요해지는 요즘 내가 입고 쓰고 두르는 모든 것이 '나'를 표현하는 수단이 된다. 주변에 존재하는 수많은 아이템 중에서 향은 지나치게 과시하지 않고도 다름을 드러낼 수 있는 수단이다. 이 때문에 남들과는 다른 흔하지 않은 향 찾는 것을 넘어 오직 나를 위한 커스텀 향수에 대한 관심이 늘어났다.

실제로 우리나라뿐만 아니라 세계 시장에서도 커스텀 향수에 대한 수요가 지속적으로 증가하고 있다. 그중에서도 향 시장 규모가 가장 큰 미국의 향수 커스터마이징 서비스가 흥미롭다. 여러 현실적인 이유로 커스터마이징 향수가 보편화되지 못하는 우리나라와 달리 미국에서는 온라인에서도 쉽고 저렴하게 맞춤 향수를 주문할 수 있다.[1] 고객의 취향을 분석하고 선호도를 파악한 뒤 한 사람만을 위해 제작된

---

1. 우리나라에서 향수는 화장품법으로 관리되며 적절한 화장품 제조업 자격을 갖추어야만 생산할 수 있기에 개인 맞춤 향수를 생산하는 곳이 거의 없다. 이에 반해 미국에서는 향수병부터 라벨까지 내가 직접 골라 만들 수 있다. 이에 따라 평소 즐겨 사용하던 향수와 선호하는 향기에 대한 정보를 입력하고 나만을 위해 만들어진 향수를 배송해 주는 커스텀 향수 브랜드가 증가하고 있다.

향수는 그 자체로 특별한 의미를 담는다. 소비자는 병 디자인, 향 구성, 향수 이름까지 모두 커스터마이징할 수 있다. 소비자 응답을 바탕으로 전문 조향사가 제작을 하는데 심지어 가격마저 합리적이다. 그 누가 마다하겠는가? 향은 단순한 후각적 자극이 아니라 개인 이미지에 영향을 주고 내 이야기를 담을 수 있는 세상에 단 하나뿐인 수단이기에 나만을 위한 향을 찾는 일은 자연스러운 현상이다.

이는 꼭 미적, 예술적 영역에 관심이 없더라도 자연스럽게 피어나는 욕구다. 하물며 개성과 창의성을 중시하는 유명 패션 디자이너가 뮤즈를 떠올리며 오직 한 사람만을 위한 향수를 만드는 것은 자연스러운 영감의 표현일 것이다. 그중 한 사람에게만 허락되었던 향수, 바로 지방시(Givenchy)의 '랑떼르디'(L'Interdit) 향수를 소개해 보려고 한다.

패션 디자이너였던 지방시는 뮤즈이자 친구였던 오드리 헵번을 위해 오직 그녀만을 위한 향을 만들었다. 우아하면서도 발랄하고 주위 사람에게 웃음 에너지를 전하는 오드리 헵번을 위해 만들어진 향은 어떤 느낌이었을까? 아쉽게도 이 향수는 오직 오드리 헵번만이 사용할 수 있었기에 오리지널 버전 향수를 시향한 사람은 아무도 없다. 기록에 따르면 부드럽고 보들보들한 파우더 향이 느껴지는 알데하이딕 플로럴 향수였다고 한다. 향기를 구성하는 노트를 머릿속에서 짚어 보면 달콤하면서도 포근하고 싱그러운 꽃밭이 그려지는데, 사랑스럽고 환한 미소가 떠오르는 배우 오드리 헵번과 아주 잘 어울리는 향이 아닐까 싶다.

　오드리 헵번 하면 패션을 빼놓을 수 없다. 사브리나 팬츠, 플랫 슈즈 등 50년이 지나도 회자되는 그의 스타일은 여전히 많은 사람에게 사랑받고 있다. 영화계 최초로 의상 협찬을 받은 배우가 바로 오드리 헵번인데, 이때 협찬을 시작한 브랜드가 바로 지방시다. 배우 그 이상의 패션 아이콘이었던 오드리 헵번이 어느 날부터 너무나 잘 어울리는 하지만 맡아본 적 없는 생소한 향을 뿌리고 나타났을 때 사람들은 매우 궁금해했을 것이다. 무슨 향수를 사용하는지 직접 물어보기도 했지만 그때마다 오드리 헵번은 '나를 위한 향수'라고 대답해 더욱 궁금증을 자아냈다고 한다.

　실제로 랑떼르디는 1957년 대중에게 공개되기 전까지 약 1년간은 전 세계에서 오직 오드리 헵번 한 사람에게만 허락된 향이었다. 향수 이름 랑떼르디도 프랑스어로 '금지된'이라는 뜻이라고 한다. 믿거나 말거나 지방시가 이 향을 대중에게 공개하고 싶다고 했을 때 오드리 헵번이 '공개를 금지해요!'라고 말했다는 이야기도 전해진다. 그야말로 유명인을 활용한 셀러브리티 마케팅 정수다.

당시 패션 브랜드로 탄탄한 입지를 다지고 있던 지방시가 향수 라인을 새로 론칭하면서 발표한 첫 번째 향수가 랑떼르디다. 새로운 사업의 첫 아이템이었으니 얼마나 홍보가 중요했을까? 지금이야 연예인, 인플루언서 같은 유명인을 제품 홍보에 내세우는 것이 당연한 방식이지만, 놀랍게도 랑떼르디는 향수 역사상 처음으로 배우를 앞에 내세워 홍보한 향수다. 랑떼르디는 오직 오드리 헵번에 의한, 오드리 헵번을 위한, 오드리 헵번의 향수였다. 지방시는 향수와 패션뿐만 아니라 마케팅에도 일가견이 있었던 모양이다. 그리고 셀러브리티 모델 홍보 효과를 확인한 향수 시장에서 랑떼르디 이후로 유명인을 모델로 내세운 향수가 바로 마릴린 먼로의 '샤넬 N°5'다.

현재도 마음만 먹으면 얼마든지 오드리 헵번이 뿌렸던 이름의 향수를 구매할 수 있다. 그러나 지금 판매되는 향수는 오리지널 향수를 현대적으로 해석한 버전으로 그 당시 오드리 헵번 향수와 동일하지 않다. 더 깨끗하고 은은한 향을 선호하는 요즘 취향에 맞게 조정되었다고 한다. 오드리 헵번 스타일과 영화를 사랑하는 사람이라면 한 번쯤 그 향을 맡고 싶겠지만 이제는 아주 어려운 일이 되었다. 언젠가 빈티지 퍼퓸이라도 마주하는 행운을 얻을 수 있다면 꼭 한번 맡아 보고 싶은 오드리 헵번의 향. 이렇게 한 사람만을 위해 만들어져 다른 이들에겐 금지되었던 향수는 시간이 지나면서 진정으로 아무도 사용할 수 없는 그만의 향수가 되었다.

예술가 감성을 향수에 입히다

향은 우리를 새로운 공간으로 이끈다. 파리 거리를 걷다가 한 걸음 차이로 공간이 달라진 듯한 착각이 든다면 혹시 생제르망 34번가를 지나고 있지 않은지 확인해 보자. 이곳에는 바로 전 세계에서 사랑받는 니치 향수 브랜드 '딥티크'(diptyque) 본점이 있다. 코너에 있는 붉은 가게에서 흘러나오는 신선한 장미 향과 따뜻한 바람 냄새, 달큰한 무화과 향을 맡다 보면 내가 걷고 있는 곳이 마치 장미 정원인 것 같은 착각이 들 정도다.

프랑스는 가히 예술의 나라라고 할 수 있다. 회화부터 건축, 패션 그리고 우리가 사랑하는 향수까지. 이 모든 영역에 프렌치 감성이 더해지면 특유의 디테일과 시크함으로 무심하면서도 세련된 아름다움을 보여 준다. 하지만 적어도 향수 영역에서는 언제나 프랑스가 중심인 것은 아니었다. 17세기 이전까지만 해도 세계 향수 중심지는 지중해의 아름다움을 바탕으로 성장한 이탈리아였다. 이후 프랑스 남부의 작은 도시 '그라스'가 온화한 기후와 영양이 풍부한 토양을 바탕으로 높은 품질의 원료를 재배하면서 향수 산업이 성장하기 시작했다. 그리고 20세기 디자이너를 앞세운 패션 브랜드의 향수 경쟁이 시작되면서 지금까지도 굳건한 향수 왕국으로 자리매김하게 되었다.

예술의 나라에서 탄생한 브랜드답게 딥티크는 세 명의 예술가가 함께 시작했다. 처음부터 딥티크가 향수 전문 브랜드였던 것은 아니다. 1961년 처음 문을 연 딥티크는 실내 인테리어 디자이너였던 크리스티앙 고트로(Christian Gautrot), 무대 디자이너였던 이브 쿠에랑(Yves Coueslant) 그리고 화가였던 데스몬드 녹스 리트(Desmond Knox-Leet)가 만든 특이한 원단과 인테리어 소품 부티크였다.

그들은 유니크한 패턴의 패브릭 원단에 집중했지만 소비자들이 반응한 것은 세 예술가들의 감성으로 셀렉한 인테리어 소품이었다. 원단 판매는 기대보다 저조했고 이후 인테리어 소품 수요가 늘어나자 사업 확장 냄새를 좇아 1963년 자체 제작 향초를 선보인다. 훌륭한 인테리어 소품인 초에 그들의 예술적 감성을 담은 향을 입혔고, 이 초는 오직 파리 시내 딥티크에서만 맡을 수 있는 전략적인 상품이었다. 지금의 딥티크는 니치 향수로 더 알려져 있지만, 사실 딥티크 향수는 향초를 출시하고도 5년이 지난 1968년에 처음 소개되었을 만큼 브랜드의 독창성은 향초에 담겨 있다.

세 예술가의 비즈니스가 인테리어 소품에서 출발해서일까 딥티크 제품은 존재하는 것만으로도 훌륭한 오브제가 된다. 넓적한 타원 모양의 제품 라벨은 고대 로마의 방패를 '딥티크'스럽게 해석한 형태이며, 당시 그들의 고대 문명에 대한 관심이 녹아 있다. 이뿐만 아니라 제2차 세계 대전 암호 체계에서 영감을 받아 브랜드와 향 이름을 비정형적으로 흩뿌려진 알파벳으로 표현했다고 한다. 일반적으로 이름은 직관적으로 읽을 수 있어야 한다는 믿음과는 다른 접근 방법이다. 흘끗 봐서는 한 번에 파악할 수 없는 형태 덕분에 이름에 조금 더 집중하게 된다. 방패와 암호라니. 딥티크 제품을 두는 것만으로도 공간을 든든하게 지켜 줄 것만 같다.

고유한 감성을 표현하는 아름다운 딥티크 로고는 화가였던 데스몬드가 직접 디자인했다. 딥티크 제품명이 쓰인 글씨체는 그 모양이 익숙해 보이지만 자세히 보면 어떤 글씨와도 똑같지 않은 독특한 디테일이 있다. 이 또한 데스몬드의 작품이다. 기성 폰트를 사용하지 않고 캘리그래피에 대한 애정으로 손 글씨를 써서 딥티크만의 글씨체를 만들어 냈다.

딥티크의 라벨은 향을 그려 내고, 라벨의 그림은 딥티크 향으로 그려진다. 세상의 많은 향들이 각각 모티프를 가지고 만들어지지만 딥티크는 눈에 그려지는 듯한 또렷한 '순간'을 향으로 표현하는 브랜드다. 무화과나무를 통째로 향수병 안에 담은 것 같다고 해서 유명한 '필로시코스'(Philosykos)는 그리스에서 보낸 여름 기억을 재현한 향이다. 이브와 데스몬드는 그리스에서 여름휴가를 보낸 뒤 그들의 친구인 크리스티앙을 위해 상자에 무화과나무 이파리, 아크로폴리스 대리석 조각, 햇살을 머금은 조개껍질 등을 담아 그리스의 여름을 선물했다. 그리고 시간이 흐른 뒤에도 남아 있던 이 여름의 향에 영감을 받아 탄생한 향수가 바로 필로시코스다. 그래서 필로시코스는 무화과나무 꼭대기에 고여 있던 여름 햇살, 싱그럽게 자라난 이파리와 단단하게 자리 잡은 나무 밑동 냄새 그리고 녹진하게 익어 부드럽게 뭉개지는 무화과 향이 난다.

손 그림으로 그려진 라벨은 뒷면에도 특별한 그림을 품고 있다. 그래서 꼭 병의 뒷면까지 감상해야 한다. 앞에서 볼 때는 향 이름이 보이지만 뒤집어서 투명한 병 너머를 바라보면 이 향이 만들어진 풍경이 보인다. 마치 그 순간을 작은 병 안에 가두어 두고 싶었던 것처럼 말이다. 실제로 이브 쿠에랑은 어린 시절 인도차이나반도 하이퐁에서 보냈던 여름의 향을 '도손'(Do Son)에 담았다. 향수 도손 라벨 뒤에는 베트남의 유명 관광지 하롱베이 풍경과 유사한 동양적인 풍경이 그려져 있다. 무게감 있고 부드러운 도손 향은 여름을 닮았지만 왠지 겨울에 더 손이 자주 간다. 습기를 머금은 바닷바람에 살짝은 맵고 보드라운 투베로즈 향이 재스민의 달콤함과 어우러져 두툼한 겨울 목도리에 한번 뿌려 주면 포근하게 나를 감싸 줄 것만 같다.

딥티크 향수는 자연을 담은 향으로 코를 깨우고, 향수병마다 다르게 그려진 라벨로 어떤 향을 품고 있을지 호기심을 자극한다. 향을 맡기 전부터 병에 새겨진 그림으로 향을 상상해 보는 일은 딥티크가 줄 수 있는 또 하나의 즐거움이다. 이 한 병이야말로 많은 감각을 깨우는 종합 예술이 아닐까? 앞으로도 계속 추가될 딥티크 컬렉션을 기대할 수밖에 없다.

오직 향을 위한 향수 실험실

실험실이라는 공간이 주는 이미지는 미래지향적이다. 실험실의 연구원을 상상하면 이제껏 존재하지 않던 새로운 개념과 결과물을 창조하기 위해 끊임없이 연구하고 노력하는 모습에 경이로움마저 느껴진다. 실험에 익숙한 사람이라면 이 같은 감상에 황당할 수 있으나 실험을 접할 기회가 없었던 문과생에게 실험실은 다른 세계인 것 같은 느낌이 있다. 그리고 이 세상에 단 하나뿐인 향수 실험실도 있다. 바로 '르라보'(Le Labo)라는 향수 브랜드다. 이곳에서 집중하는 것은 오직 향 하나다. 감성을 자극하는 향수 브랜드와 실험실이라니. 언뜻 투박하고 차갑게 느껴지는 조합이지만 르라보의 실험실은 그 어떤 것보다도 '사람'의 힘을 믿는다. 신선한 콘셉트와 진정성 그리고 과감한 향에 도전하는 르라보는 향 완성도와 트렌드를 모두 잡으며 향수계의 아이콘, 혁신의 상징으로 자리매김했다.

르라보는 프랑스어로 'The Lab', 실험실이라는 뜻이다. 무엇을 실험할까? 우선 확고한 철학을 바탕으로 운영 방침부터 실험적으로 접근한다. 바로 향수를 만들고 소비자에게 전달하는 기본적인 방법부터 말이다. 일반적으로 향수는 숙성을 마친 향료와 베이스를 섞은 뒤 혼합물을 쉽게 내버려 두는 과정을 거쳐 불순물을 걸러 내고 병에 담는다. 이렇게 향수 액을 가만히 두는 과정을 '침용'이라고 부른다. 필터로 걸러 내기 전 향료 속 일부 왁스 성분이 알코올 용액과 만나 하얗게 응고되는 석출물을 가라앉히는 시간을 갖는 것이다. 일정 시간이 지나고 여과까지 마치면 비로소 맑고 투명한 향수를 병에 담는다.

하지만 르라보는 고객이 향수를 구매하면 그 자리에서 바로 블렌딩한 뒤 병에 담는다. 그렇게 담긴 향수는 어떤 침용이나 여과 과정 없이 소비자의 손에 그대로 전달된다. 물론 침용 과정이 향수를 만드는 데 필수적인 요소는 아니기에 지키지 않아도 문제는 없다. 그러나 이제까지 다른 향수 매장에서는 경험한 적 없는 신선함을 준다는 이유만으로 굉장히 실험적이며 혁신적인 방법처럼 느껴진다. 르라보는 마치 커피의 아로마(커피를 볶아 분쇄할 때 나는 커피 향)를 최대한 살리기 위해 즉석에서 원두를 갈아 드립을 내리는 바리스타처럼 가장 신선한 상태의 향수만을 판매한다고 말한다. 공장에서 일괄적으로 생산되는 방식에 지친 소비자에게 새로운 방향을 제시한 르라보는 이제 글로벌 브랜드로 성장했다. 하지만 여전히 직접 병에 담아 전달하는 정책을 고수하며, 여전히 단 한 사람만을 위해 만들어진 향수라는 느낌을 자아낸다.

또한 르라보는 향기의 근간이 되는 원료를 끊임없이 연구하고 투자하는 브랜드다. 르라보 향수 이름은 아주 간단한 구조다. 상탈 33(Santal 33), 베르가못 22(Bergamote 22), 재스민 17(Jasmin 17)처럼 단어와 숫자 조합으로 지어지는데, 여기서 단어는 해당 향수의 메인 원료를 표기하며 그 뒤에 붙어 있는 숫자는 향을 만들 때 들어간 원료의 가짓수를 나타낸다. 예를 들어 르라보의 대표 향수인 상탈33은 드라이하지만 따뜻한, 타오르는 모닥불 같은 향을 만들기 위해서 샌달우드(상탈)를 중심으로 카다멈, 아이리스를 포함해 총 33가지 원료가 블렌딩되었다. 재스민17은 바닐라, 머스크, 샌달우드 외 14가지 원료가 조화를 이루어 부드럽고도 섬세한 재스민을 르라보 스타일로 재해석하여 표현했다.

다른 유명 향수 이름을 떠올려 보면 보통 향에 영감을 받은 순간이나 상징성 혹은 향에 얽힌 다채로운 스토리를 담고 있다. 때로는 비유적이고 때로는 함축적으로 세상에 기억되고 싶은 향의 특성을 이름으로 표현한 것이다. 그에 비하면 르라보 향수는 마치 실험 대상을 구분하기 위해 최소한의 정보를 표시하는 것과 비슷한 느낌이다.

르라보가 추구하는 향수의 영혼은 때론 불편함을 감수해야 했다. 지금처럼 편하게 새로운 향료를 주문하고 탐구할 수 없었던 과거에는 새로운 향을 찾기 위해 조향사들이 직접 모험을 나서야만 했다. 이국적인 향신료를 얻기 위해 유럽 조향사들은 인도와 아시아로 떠났고 직접 여행하며 향의 범위를 넓혀야만 했다. 이러한 조향사 정신을 존중해 르라보는 특정 도시에서 영감을 받아 해당 도시에서만 구할 수 있는 '시티 익스클루시브 컬렉션'(City Exclusive Collection)을 발표한다. 서울에서 영감을 받은 시트롱 28(Citron 28), 파리를 표현한 바닐 44(Vanille 44), 르라보 고향인 뉴욕의 튜베로즈 40(Tubereuse 40)은 각각 서울과 파리, 뉴욕 매장에서만 구매 가능하다.

이렇게 실험적이고 현대적인 스타일의 향을 탐구하는가 하면 한편으론 사람의 손으로 이룩한 장인 정신에서 브랜드 지향점을 찾는다. 사람의 손으로 하나하나 꺾어 수확한 장미, 기계가 아닌 수제로 만든 향초, 기계가 아닌 르라보만의 기술로 직접 섞는 향료 등. 르라보 매장에서는 향을 테스트해 보기 위한 시제품 외에는 향수를 미리 만들어 놓지 않는다.[2] 고객이 주문한 모든 향수에는 원하는 문구를 맞춤으로 인쇄한 라벨이 붙는다. 모두 느리고 불편하지만 그래서 특별함을 품고 있는 방법이다. 르라보 향수에는 나에게 맞춘 것 같은 특별함이 있다.

시간이 멈춘 것 같은 빈티지한 느낌이 드는 매장 인테리어 또한 르

---

2. 국내에서는 백화점 매장과 같이 랩 시설을 갖추지 못한 일부 매장에서 수입한 완제품을 판매하기도 한다.

라보가 추구하는 '시간'의 가치를 느끼게 한다. 르라보 매장에 방문할 때면 마치 과거로 시간 여행하는 듯한 기분을 느낄 수 있는데, 가장 먼저 마주하는 외관부터 시간의 흐름이 고스란히 담겨져 있다. 매장을 장식한 일부 가구는 실제로 오래된 앤티크 가구라고 한다. 내부를 둘러볼수록 어딘지 바랜 듯한 벽, 손때 묻은 가구, 조금씩 깨지고 부서진 디테일이 마치 3대가 명맥을 이어 온 오래된 향수 공방처럼 느껴진다. 르라보는 2006년에 탄생한 젊은 브랜드인데도 말이다.

　그렇게 시간의 가치를 간직하며 향수와의 예술적인 대화를 이어 가는 르라보는 전 세계적으로 그 존재감이 커지고 있다. 르라보는 영혼 없이 찍어 내는 향수를 거부하고 향수가 만들어지는 모든 과정을 소비자와 공유한다. 르라보에 들어선 순간 금액을 지불하고 향수를 구매하는 단순한 과정조차 한 병의 향수에 '나'를 담는 특별한 재료가 된다. 익숙함과 새로움을 융합하는 실험실. 그곳이 바로 르라보의 세계다.

꼭 향이 나야만 향수일까?

당신이 생각하는 향수는 무엇인가? 아니, 어떤 조건을 갖추어야만 향수라고 부를 수 있을까? 화려한 향기를 가진 화장수? 일상 속 사치품? 취향을 마음껏 표현할 수 있는 수집품? 거리를 걷다가 문득 좋아하는 향이 코끝을 스칠 때 우리는 순식간에 기분이 좋아지고 때로는 설렘과 그리움을 느끼기도 한다. 어떤 향기는 나를 표현하기도 하고, 또 어떤 향기는 내 안에 남아 있었는지도 몰랐던 기억 속 순간에 데려다주기도 한다. 반복되는 하루를 향기롭게 꾸며 주고 특별함을 부여하는 기호품으로 여겨지는 향수이지만, 때로는 그 작은 병 안에 생각지도 못했던 많은 의미가 담긴다. 즐겁고 아름다운 향기를 제공하는 것을 넘어 제작자의 예술성을 표현하거나 사회적·문화적 메시지를 전달하기까지. 고정 관념을 깨고 한계를 넘는 향수 세계는 어떻게 변화하고 있을까?

향기로운 향수만 찾는 것이 아니라면 굉장히 흥미로운 브랜드 철학을 가진 조향 하우스 한 곳을 소개한다. 기존 향수 공식에 도전하며 자유로운 표현을 추구하는 프랑스 니치 향수 브랜드 '줄리엣 해즈 어 건'(Juliette Has a Gun)에는 오직 한 가지 화합물로만 만든 향수가 있다. 향수지만 향수가 아니라는 이 향수는 이름도 '낫어퍼퓸'(Not a Perfume)

이다. 향을 확산시키기 위한 베이스 용액 에탄올을 제외하고, '세타록스'(Cetalox) 단일 성분으로만 이루어진 낫어퍼퓸은 일견 도발적으로까지 느껴진다. 흔히 말하는 향의 층이 존재하지 않는 낫어퍼퓸은 마치 '어디부터 향수라고 할 수 있는가?'라고 질문을 던지는 것 같다.

그렇다고 낫어퍼퓸을 향수가 아니라고 할 수는 없다. 향유고래 배설물이 돌처럼 굳어 바다를 떠다니다 해변에 밀려온 용연향은 '바다의 로또'라고도 불린다. 용연향은 원물 상태로는 악취가 느껴지지만 가공하면 고급 향수 원료가 된다. '앰버그리스'라고도 불리는 이 향료는 향유고래 개체 수 감소와 희귀성으로 매우 고가에 거래되는데, 이를 대신해 앰버그리스 향을 인공적으로 구현해 낸 화합물이 바로 세타록스다. 세타록스는 보통 수십 가지 향료를 혼합하는 일반 향수에서 베이스 노트로 활용되며 잔향과 지속력을 담당하지만, 낫어퍼퓸에서 세타록스는 첫인상이자 중심 노트이며 은은하게 남는 향의 흔적이다. 순수하고 깨끗한 향을 가진 낫어퍼퓸은 향을 뿌린 사람의 고유 체향과 어우러지며 사람마다 '포근한 살냄새'부터 '쇠 냄새'까지 다양한 반응을 자아내는 흥미로운 향수다.

때로는 고작 향수 한 병이 사유의 근원이 되기도 한다. 우리가 미술 교과서에서 한 번쯤 마주했을 파이프 그림 바로 아래 "Ceci n'est pas une pipe"(이것은 파이프가 아니다)라는 문구를 기억하는가? 초현실주의의 작가 마그리트 작품인 〈이미지의 배반〉은 현실 재현과 작가 해석에 대해 고찰하게끔 한다. 우리에게도 친숙한 이 그림에서 영감을 받은 향수 '디스이즈낫어블루보틀'(This is Not a Blue Bottle)은 놀랍게도 그리고 당연하게도 아주 선명한 파란 병에 담겨 있다. 가장 아름다운 향이 아닌 가장 감정적인 향을 만든다는 조향사 제랄드 기슬랑(Gerald Ghislain)은 여러 문학 작품과 역사적 인물, 그림, 음악 등에서 모티프를 가져와 그의 브랜드 '이스뜨와 드 퍼퓸'(Histoires de Parfum) 컬렉션을 만들었다. 마그리트가 발상의 전환으로 새로운 시각과 해석을 강조했듯이 제랄드 기슬랑은 모두가 향을 자유롭게 표현할 수 있도록 표현의 제한을 없애고 싶었다고 한다.

'디스이즈낫어블루보틀' 시리즈에는 6개의 향이 있는데 각 향은 관념과 빛, 불, 음, 양, 사랑을 표현한다. 의미부터가 매우 추상적이다. 추상의 대명사인 향과 관념이 만난 결과물은 어떤 느낌일까? '디스이즈낫어블루보틀 1.1'은 오렌지와 머스크 그리고 패츌리가 어우러져 산뜻하면서도 깊은 포근함이 느껴진다. 파란 병은 그저 파란 병일 뿐 향수는 그 병이 아니다. 부드럽고 신선한 '관념'이 담겨 있는 이 병은 우리에게 '진짜 향수는 무엇인가?'라는 질문을 던진다.

    뭉근하게 타오르는 모닥불 냄새를 좋아한다면 디에스앤더가(D.S. & Durga)의 '버닝 바버숍'(Burning Barbershop) 시향을 추천한다. 1891년 뉴욕의 한 이발소에서 화재가 발생했다. 모든 것을 집어삼키던 화마는 겨우 물러갔지만 이발소는 모두 까맣게 타버렸다. 그 안에서 발견된 반쯤 남은 민트 향 면도용 토닉이 타버린 건물 잿더미 향과 만나 독특한 향을 만들어 냈다. 그리고 이 사고에서 영감을 받아 만들어진 향이 바로 버닝 바버숍이다. 시원한 민트와 라벤더 향을 이내 덮어 오는 탄내는 건조하고 버석한 불을 연상시키지만 이어서 연결되는 바닐라의 잔향이 쉽게 잊을 수 없는 버닝 바버숍만의 이미지를 만들어 낸다. 어딘가 쓸쓸하면서도 공허한 감상이 떠오르는 버닝 바버숍 향은 모두에게 좋은 냄새는 아닐 수 있다. 하지만 개성 있는 향 그 자체를 즐기기 위해서라면 신선한 선택지가 될 것이다.

    흔히들 향수는 예술 영역에서 가장 늦게 발전한 분야라고 말한다. 선사 시대부터 향에 상징을 부여하고 활용해 온 기록은 존재하지만 향수가 발명된 것은 중세 이후로 음악, 패션, 회화에 비해 역사가 짧고 좁은 범위에서 다루어지고 있기 때문이다. 하지만 향장 예술은 2000년대에 이르러 시장성과 예술성을 모두 확대하며 빠르게 경계를 넓히고 있다. 늦게 움튼 만큼 더욱 화려하게 피어나고 있는 향의 세계다. 현대적 향수는 한계를 모르고 그 영역을 넓히고 있다. 그렇다면 현대적 향수가 발명되기 이전, 인류가 사용한 향은 어떤 형태였길래 방대한 예술적 토대를 쌓았을까? 다음 장에서는 인간의 역사 속에 보물처럼 숨어 있는 향 이야기를 풀어 보려고 한다.

TIP. 조향사가 하는 일

조향사는 무슨 일을 할까? 한자로 보자면 향을 조합하는 사람, 즉 향기를 만드는 사람이다. 향료를 조합하여 새로운 향을 만들기도 하고, 향이 들어가는 제품에 적절한 향을 적용하는 역할도 담당한다. 향이라고 말하면 보통은 향수를 생각하겠지만 실제로는 우리가 쓰는 생활용품부터 음료, 과자, 아이스크림 등에도 향이 들어간다. 이 때문에 조향사가 필요한 영역은 예상보다 넓고, 조향사라는 직업은 여전히 모호하다. 이해를 돕기 위해 구체적으로 살펴보자면 만들어 내는 향 종류에 따라 크게 세 가지로 구분해 부를 수 있다.

컴파운더(Compounder)

만약 벽돌집을 짓는다면 어떤 사람은 벽돌을 사 와서 집을 지을 수도 있고 또 어떤 사람은 벽돌부터 직접 만들기를 원할 수도 있다. 벽돌을 만들 때는 벽돌 재료가 되는 점토나 시멘트가 필요할 것이다. 조향사 중에서도 점토나 시멘트처럼 더 작은 단위 재료인 합성 화합물을 이용해 향을 만드는 사람을 '컴파운더'라고 부른다. 컴파운더가 다루는 화합물은 이름부터가 낯설고 생소한 경우가 많다. '향기의 여왕'이라고 불리는 재스민은 부드러우면서도 달콤한 향으로 많은 사랑을 받는데, 사실 시스-자스몬(cis-jasmone), 메틸 자스몬산(methyl jasmonate) 등 화합물이 합쳐졌을 때 우리는 '재스민 꽃향기'을 인식한다. 다시 말해 컴파운더는 하나의 완성된 향수를 만들기도 하고, 재스민 향이라고 이름 붙이는 조향 베이스를 창조하기도 한다. 화합물은 조향 베이스보다 다루기가 어렵기 때문에 본격적으로 조향을 시작하기 전 적절한 교육과 훈련이 필요하다.

블렌더(Blender)

블렌더는 벽돌로 집을 짓는 사람으로 컴파운더가 만든 조향 베이스와 식물에서 추출한 에센셜 오일(천연 향료)을 조합해 향기를 만든다. 블렌더가 다루는 조향 베이스는 우리에게 조금 더 친숙하다. 재스민 베이스, 바닐라 베이스, 머스크 베이스 등 이름만 들어도 어떤 향일지 추측이 가능하며 처음 맡는 순간부터 향기를 인식할 수 있다. 이 조향 베이스는 조향 경험이 적어도 다룰 수 있기 때문에 체험형 조향 클래스나 일반 자격증 과정에서 많이 사용한다. 블렌더는 새로운 향을 만들어 처방을 작성하기도 하고 이미 내려진 처방전을 수정하기도 한다. 그리고 컴파운더와 블렌더를 모두 합쳐 '퍼퓨머'(Perfumer)라고 지칭하는데 퍼퓨머가 다루는 향은 화장품이나 향수, 세제, 섬유 유연제 등 입으로 들어가지 않는 향장향이다.

플레이버리스트(Flavorist)

향장향이 생활용품에 사용되는 향이라면 과자, 껌, 음료 등 식품에 넣는 향은 식향이라고 한다. 우리 몸에 직접적으로 영향을 주기 때문에 성분을 더욱 엄격하게 관리하고, 향장향에 비해 종류도 적다. 우리가 오렌지 주스나 바나나 우유를 마실 때 병을 돌려 뒷면의 성분표를 보면 '향료'가 포함된 것을 알 수 있다. 가령 향료는 바나나 우유를 더 바나나답게 만들어 주고, 흰 우유에 바나나 향을 입혀 새로운 영역을 창조하기도 한다. 향장향을 다루는 퍼퓨머와 달리 플레이버리스트는 식품에 대한 이해도가 필요하다.

좁게 살펴본 조향사는 이렇게 직접적으로 향을 창조하는 역할을 한다. 하지만 실제 향이 시장에 출시되기까지는 더 넓은 분야에서 조향 지식과 능력을 필요로 한다. 향에 대한 이해도를 바탕으로 향기 만드는 것을 넘어 평가하고, 어떻게 홍보할지 고민하고, 직접적으로 경제 활동을 펼치기도 하는데 최근 활동이 두드러지는 영역은 다음과 같다.

향 평가사

향을 완성했다고 해도 그 향을 제품화하기까지는 소비자가 원하는 향인지, 준비하는 브랜드 콘셉트에 부합한지, 클라이언트 요구를 충족했는지 등 객관적으로 판단하는 과정이 필요하다. 시장성뿐만 아니라 완성된 제품의 안정성을 검증하고 평가하는 것 또한 '향 평가사'의 일이다. 실제로 향을 창조하지 않더라도 향기와 화학적 지식을 가지고 있어야 하기에 넓은 의미의 조향사에 포함된다. 제품이 출시되려면 향 평가사의 평가를 통과해야 하며, 회사별 직책 이름은 다르지만 아주 중요한 역할이라는 점은 공통적이다.

마케팅

향기를 마케팅에 활용하는 사례가 증가하면서 조향사가 마케팅 부서와 협업하는 경우도 늘어나고 있다. 특히 전시나 공연, 숙박업 등 소비자의 경험이 중요한 영역에서 향기 마케팅을 적극 활용하고 있다. 강력한 브랜딩을 위해 이벤트 혹은 공간에 딱 맞는 맞춤 향을 만들고 의도하는 소비자 반응이 무엇인지 분석하여 향기를 준비한다. 호텔의 로비와 객실을 장식한 향기는 디퓨저, 룸스프레이처럼 별도 제품으로 판매하기도 하고, 공연장과 전시장의 향기는 기념품으로 판매하기도 한다.

최고 경영자

차별화된 향을 원하는 소비자가 늘어나면서 개성과 콘셉트가 뚜렷한 작은 브랜드가 증가하고 있다. 전 세계에서 생활 향 소비 규모가 가장 큰 국가인 미국에서는 'Private Label'이라고 부르는 개인 브랜드 시장 점유율이 5%를 넘었다. 비율만 봐서는 작은 수치이지만 미국의 시장 규모가 약 52억 달러(약 6조 8천 억 원)에 육박한다는 점을 고려하면 절대 사소한 수치가 아니다. 우리나라에서도 조향사가 직접 운영하는 프래그런스 브랜드가 계속해서 증가하고 있으며, 조향사는 기획과 동시에 의사 결정까지 직접 담당하는 최고 경영자 역할을 수행하는 추세다.

인종과 지역, 시대를 뛰어넘어 인류와 향은 언제나 함께했다. 체감상 향수는 어느 날 하늘에서 뚝 떨어진 유행템인 것 같지만, 사실 향은 어느 날 갑자기 자리 잡은 트렌드가 아니다. 향을 좇는 것은 오히려 수천 년의 시간 동안 우리의 DNA에 축적되어 각인된 본능이나 마찬가지다. 그럼 우리를 위로하고 치유하며 우리가 욕망하는 향은 어떤 모습으로 시작되었을까?

제 2 장

위대한 향기 유산

향이 남기고 간 수천 년의 역사

이 세상에서 강력하고도 순수한 방식으로 사람들의 감정을 움직이는 것 중 하나가 바로 '향'이다. 갓 지은 쌀밥이 풍기는 고소하고 따뜻한 냄새는 아늑하고 정다웠던 가족과의 시간을 떠올리게 한다. 풋풋했던 첫사랑이 즐겨 뿌리던 향수 냄새를 길에서 맡으면 순간 마음이 쿵 내려앉는 기분이 들기도 한다. 보편적인 감성이 아니더라도 누구에게나 특별한 흔적을 남긴 냄새가 있다. 우리의 뇌는 냄새로 기억된 감정을 환기하고, 공기 중 떠도는 향기 분자를 받아들이는 그 짧은 순간에 수많은 정보를 처리한다.

그래서 눈으로 확인하지 않아도 느껴지는 달콤한 냄새로 근처에 빵집이 있다는 사실을 알아차리기도 하고, 무언가가 썩거나 역한 냄새 등 본능적으로 피해야 하는 위험도 코가 알려 준다. 비 오기 전 냄새로 비를 먼저 감지한 적 있지 않은가? 조향사로 훈련받지 않은 우리도 일상에서 코를 사용하는 일은 흔하다. 후각으로 향을 알아채는 것은 숨을 쉬는 것만큼 단순한데 향 속에 담긴 감정과 느낌을 받아들이는 것은 왜 이렇게 복잡하게 느껴질까? 이를 이해하기 위해서는 인류에게 삶이란 곧 생존과 투쟁의 연속이었던 과거로 시간 여행을 떠나야만 한다.

고대 문명에서 향은 신성한 존재, 신과 소통하는 수단이었다. 인간은 신성(神性)을 숭배하고 신의 은혜를 받아들이기 위해 향기를 적극 사용했다. 인간이 생명을 유지하기 위해서 섭취하는 영양분과 재료는 다를 수 있지만 기본적으로 먹지 않고 살 수 있는 인간은 없다. 소화된 음식물은 인간에게 에너지를 주고 생존을 위한 대사 활동을 가능하게 하지만 찌꺼기를 내보내는 과정도 필수로 거쳐야 한다. 대소변 말고도 인간은 피부를 통해 땀으로 노폐물을 배출하며, 호흡을 통해 에너지 대사 과정에서 생긴 가스도 분출한다. 이러한 모든 과정 중에 필연적으로 몸에서는 냄새가 생긴다. 냄새가 난다고 특별한 문제가 있는 것이 아니라 그렇게 생긴 냄새는 그저 자연스러운 생명의 증거일 뿐이다.

　　하지만 자연 속에는 향긋하고 기분 좋아지는 냄새가 존재했다. 나무의 수지가 굳어서 나는 달콤하면서 부드러운 냄새, 꽃이 풍기는 화려한 냄새, 허브에서 맡을 수 있는 상쾌한 냄새 등 선선한 바람에 실려 오는 이 모든 냄새는 특별했다. 사람이나 동물이 모인 곳이라면 으레 나타나기 마련인 악취로 변하는 일도 없었다. 이 모든 건 일상적이지 않았다. 인간 근처에서는 냄새가 나는데 왜 자연에선 향기가 나는 걸까? 사람들은 특별하고 비일상적인 향기가 곧 신이 주신 것 혹은 신을 표현한 것이라 생각했고, 이내 신을 기쁘게 하기 위한 용도로 사용했다.

사람들은 자연 속에서 보내는 시간이 많아질수록 다양한 냄새를 경험했다. 바람결에 실려 온 향긋한 향기만이 아닌 어느 순간에는 좋은 향이 가득한 산과 들판에 불이 붙기도 했을 것이다. 그런데 이상하게도 불과 함께 피어나는 연기는 풀의 냄새를 더 멀리 퍼트렸다. 심지어 어떤 연기는 들이마셨더니 머리가 상쾌해지고 통증이 완화되는 기분도 들었다. 마치 우리가 집에서 인센스 스틱을 태우며 차분한 명상 시간을 가진 뒤 개운함을 느끼는 것처럼 고달픈 생존의 투쟁 과정에서 단비처럼 주어진 휴식이었을 것이다.

옛사람들은 비와 해를 다스리는 신은 하늘에 있다고 믿었는데, 풀을 태우고 좋은 냄새를 품은 연기는 마치 본래 주인에게 되돌아가려는 것처럼 항상 하늘을 향해 올라갔다. 그래서 고대 문명은 연기를 피움으로써 신과 소통하고자 했다. 신에게 띄우는 메신저라고 해야 할까? 안녕과 번영을 기원하는 마음을 담아 피운 연기는 저마다의 소원을 챙겨 하늘로 올라갔다. 이러한 행위는 오늘날까지도 깊게 영향을 주고 있다. 바로 향수를 뜻하는 영어 단어인 perfume이 여기에서 유래되었다. 라틴어로 '~을 통하여'라는 뜻의 'per'과 '연기'라는 뜻의 'fumum'을 합성한 'per fumum', 즉 '연기를 통해서'라는 단어가 향수의 어원이다.

고대 이집트에서는 피라미드를 만들 때 미라 옆에 향을 둬 나쁜 냄새도 덮고, 사후 세계의 안전한 여정을 기원하기도 했다. 향은 그 자체로 방부 효과가 있는 약품이었지만 동시에 망자를 보내는 산 자의 그리움과 마음을 담은 선물이었다. 그럼 서양 문화권에서만 유난히 예로부터 향을 신성시했을까? 아니다. 동양 문화권에서도 불교의 발전과 함께 향이 널리 퍼졌는데, 향이 곧 세상 곳곳에 퍼지는 부처님 말씀으로 여겼다. 그래서 특히 불교에서는 향을 공양하고 만드는 행위가 아주 중요했다. 아마 수학여행 때 전국 유명 사찰을 방문해 익숙한 향 내음을 맡아 봤을 것이다.

시간이 흐르면 많은 것이 변하듯 향의 의미도 계속 변해 왔다. 현대의 우리는 더 이상 신들을 위해서만 향을 피우지 않는다. 또 일부 종교적 공간을 제외하고는 향을 사용하며 신을 떠올리지 않는다. 향에 무언가를 염원하는 마음을 담는 경우도 드물다. 그러나 여전히 향수는 신과 인간을, 인간과 인간을 그리고 과거와 미래를 이어 주고 있다. 나의 개성과 감성을 연결하고 표현한다. 수천 년의 시간이 담겨 있는 향수 한 방울에는 단순히 좋은 향기를 즐기는 목적을 뛰어넘는 문화적 의미가 함축되어 있다. 시간이 지나고 문화가 달라져도 향은 여전히 특별해지고 싶다는 욕망과 마음을 다스리는 힘을 품은 강력한 매개체다. 향은 변함없이 매력적이며 영향력 있는 위치를 차지하고 있다.

기원전 2000년에 만들어진 향수 공장

오래도록 인간에게 특별한 의미로 존재한 향이지만 오랜 과거를 간직한 향기 문화는 어디에서 시작되었는지, 어떤 모양으로 발생했는지 그 뿌리는 자세히 알려지지 않았다. 기록이라도 남아 있다면 복원이 가능했을 텐데 안타깝게도 인류가 향을 적극적으로 사용한 시기는 글자 발명보다도 훨씬 앞섰다. 다만 글자가 발명된 뒤 전해지는 고대 문헌 속 기록을 보며 향기의 시간을 가늠할 뿐이다. 우리는 언제부터 풀과 나무, 열매 등 자연에서 우연히 얻은 향이 아니라 전문 생산 시설에서 대량으로 생산된 향수를 썼을까? 중세 혹은 로마 제국 시대? 향수는 과학이 발달한 고대 문명의 유산일까? 산업 혁명이 일어나기 전까지는 향수 공장이란 존재하지 않았을까? 당신이 무엇을 생각하든 인류는 훨씬 오래전부터 향에 진심이었다. 어쩌면 청동기 시대까지 거슬러 올라가 향수 산업 시작점을 찾아야 할지도 모른다.

푸른 물결이 부서지며 하얀 거품이 일어나는 해변. 미의 여신 아프로디테가 태어난 곳이라는 전설과 연인이 함께 방문하면 사랑이 깊어진다는 속설을 품은 이 해변은 아름다운 지중해의 섬 키프로스(Cyprus)에 있다. 이 섬에는 향수 애호가들을 설레게 할 유적이 있다. 바로 지금까지 발굴된 유적 중 가장 오래된 향수 공장이다. 이탈리아

고고학자들이 발굴한 향수 공장 유적은 지금으로부터 무려 4000년 전에 만들어진 시설로 추정된다. 4000년 전이라니. 기원전 2000년경 인 과거는 너무나 아득한 시간이라 어느 정도 오래된 시기인지 감조 차 잘 오지 않는다.

우리에게 친숙한 한반도 역사로 살펴보면 기원전 2000년 한반도 에서는 우리 민족의 시조라 일컫는 단군왕검이 최초의 고대 국가 고 조선을 세웠고, 이제 막 청동기 시대가 시작되고 있었다. 조금 느낌이 오는가? 더 놀라운 것은 이 유적이 작은 공방 수준이 아니었다는 점 이다. 그 안에는 생산 과정에 따라 각각 구획이 나누어져 있었고, 대 량 생산을 위한 기본 설비는 물론 본격적으로 향수 생산에 집중할 수 있는 환경이 구축되어 있었다. 무려 향료 원액과 섞을 올리브유를 짜 낼 수 있는 올리브 압착기, 포도주 양조장 그리고 구리를 제련할 수 있는 시설까지 갖춘 어엿한 전문 시설이었다.

특히 내부에서 500L 용량에 달하는 토기 항아리 파편이 수십 개 발견되었는데 이 파편으로 향수 공장이 아주 거대했음을 알 수 있다. 500L 용량은 결코 개인 혹은 한 가정에서 소비할 만한 양이 아니다. 그런데 이러한 항아리가 한두 개도 아니고 수십 개가 존재했을 거라 추측된다니 그 규모를 어렴풋이 짐작할 수 있다.

토기 파편에는 계피, 월계수, 도금양(향이 진하고 사계절 녹색 잎을 가진 작은 관목)과 같이 키프로스에 자생하던 식물로 만들어진 약 12가지 향수 성분이 검출되었다. 이는 실제로 향료와 관련된 시설이었음을 뒷받침하는 증거다. 울퉁불퉁한 초록빛 베르가못 껍질에서 짜낸 상큼한 에센셜 오일과 떡갈나무에 서식하는 이끼인 오크모스의 머스크 향은 키프로스 올리브유와 혼합되어 사용하기 좋은 향유(香油)가 되었을 것이다. 올리브 압착기가 있었던 것도 합리적이다. 이때는 아직 알코올이 발명되기 전이었기 때문에 오늘날로 치면 롤 온 향수같이 올리브 오일을 베이스로 식물성 향료를 섞어 향유 형태를 만들어 사용했다.

그런데 생산 능력이 있는 것과는 별개로 작은 섬나라에서 쓰기에는 지나치게 많은 양이지 않나? 보통 휴대용으로 사용하는 롤 온 향수 용량은 10mL 남짓이다. 물론 종교적인 목적으로 대량 소비한다면 더 많은 양을 짧은 기간에 소모하겠지만, 그렇다고 해도 확실히 전부 내수용으로 소비했다기에는 저장 규모가 상당히 크다. 고대 로마 기록에 따르면 키프로스는 이미 그 당시에 향수의 발상지로 여겨졌으며, 키프로스산 향수는 청동기 시대 문화와 교역 중심지였던 에게해의 크레타 섬 등으로 수출되었다. 키프로스에서 향수는 국가적으로 중요한 산업 시설이었으며, 천혜의 자연환경에서 자란 식물로부터 유래된 키프로스산 향료는 품질이 뛰어났다고 한다. 향유는 종교 의식과 장례식 등 제례에 필수적으로 사용되는 고부가 가치 상품이었는데, 키프로스산 향료는 일종의 명품처럼 주변 국가에서도 그 품질을 인정하면서 지중해 지역 향수 산업의 중심지가 된 것이다.

이렇게 거대한 시설을 갖췄던 향수 공장은 안타깝게도 지진을 겪으며 매몰되었다. 당시에는 공포스러운 비극이었겠지만 아이러니하게도 그 재난 덕분에 우리는 고대의 향수 생산 공장을 엿볼 수 있게 되었다. 키프로스는 이런 역사적 유산을 적극적으로 활용하고 있다. 만약 휴가차 키프로스 섬을 방문한다면 향수 테마파크에서 키프로스에 자생하는 식물과 전통적 방식으로 복원한 토기를 활용해 향수를 만들어 볼 수 있다. 방문했던 관광객들의 후기에 따르면 최고의 시간 여행이라고 한다. 청동기 시대 향수 산업의 메카였던 곳에서 그때 그 방법을 살려 만든 향수는 누구에게나 잊을 수 없는 향기를 남길 것이다.

레오나르도 다 빈치의 숨겨진 직업

한 가지 영역에서만 뛰어난 업적을 남겨도 역사적으로 길이 남을 천재라고 하는데, 무려 수십 가지의 직업을 가지고 심지어 각 직업마다 감탄할 만한 성취를 이룬 인물이 있다. 프랑스 루브르 박물관 최고 인기 그림인 〈모나리자〉를 그린 화가, 갈릴레오 갈릴레이보다 약 100년 앞서 중력을 실험한 과학자, 750여 개 인체 해부도를 남긴 해부학자, 한 손으로는 글을 쓰고 동시에 다른 손으로는 그림을 그렸던 멀티태스커. 게다가 외모까지 준수했다고 알려진 이 사람은 바로 레오나르도 다 빈치다. 이 모든 설명이 단 한 사람을 가리킨다는 점이 놀랍지 않은가? 르네상스 시대 이탈리아를 대표하는 인물 레오나르도 다 빈치는 천재라는 별명이 딱 어울리는 만능 예술가이자 과학자였다.

레오나르도 다 빈치는 화가, 과학자, 해부학자 외에도 다양한 직업을 가진 천재였다. 당시 다 빈치가 남긴 인체 해부도나 최후의 만찬은 지금의 시선으로 봐도 놀라운 수준이다. 여기까지는 보편적으로 널리 알려진 레오나르도 다 빈치의 직업과 업적이다. 그 외에도 앞의 직업만큼 유명하진 않지만 레오나르도 다 빈치에 관심 있는 사람이라면 곧 그가 건축 자문으로 활동하며 다수의 스케치를 남긴 건축가이자 새로운 전쟁 무기를 고안한 발명가였다는 사실을 떠올릴 것이다.

그리고 조금 더 관심을 가졌던 사람이라면 레오나르도 다 빈치의 비행 실험을 생각할 수도 있다. 레오나르도 다 빈치는 새가 하늘을 나는 방법을 연구해 비행 실험을 설계하고 실제로 하늘을 나는 데 성공한 공학자다. 또 레스토랑을 오픈할 정도로 음식마저 사랑한 요리사이기도 했다. 이렇게 다양한 재능을 꽃피운 레오나르도 다 빈치에게 잘 알려지지 않은 직업이 있었다는 것을 알고 있는가? 그는 식물을 연구한 식물학자이자 조향사였다.

레오나르도 다 빈치가 남긴 연구 노트에는 식물을 아주 자세하게 연구한 스케치가 그려져 있다. 그는 아이리스, 장미와 같은 꽃을 하나하나 뜯어서 뿌리, 이파리, 줄기, 꽃대, 꽃망울까지 자세하게 관찰하고 특징을 정리했으며 식물로부터 향료를 추출하는 방법을 연구했다. 그가 기록한 방법 중 하나는 알코올에 꽃이나 잎, 과실 등을 담가 식물의 향 성분을 추출한 것이다. 아마 일종의 용매 추출법[3]이었을 것으로 예상한다.

또 하나는 그가 '현대적 기법'이라고 표현한 냉침법인데, 유리판 위에 차가운 동물 지방을 바른 뒤 꽃잎을 얹어 꽃 속의 방향 성분이 지방에 스며들도록 하는 방법이다. 동명 소설을 원작으로 한 영화 〈향

---

3. 식물이 가진 향 분자를 이끌어 낼 수 있는 용매에 원료를 집어넣고 향 성분을 집약시키는 방법.

수)에는 하얀색 왁스가 발린 판 위에 노란 꽃송이를 하나하나 붙이는 장면이 나온다. 쉬지 않고 꽃을 붙이고 제거하는 과정을 반복하는 이것이 바로 여린 꽃잎에서 향을 추출하는 냉침법이다. 주로 재스민처럼 꽃잎이 너무 여려 고온을 견딜 수 없는 식물의 향기를 뽑아내기 위해 사용되었다.

이렇게 추출한 천연 향료는 지금 우리가 사용하는 것과는 조금 다른 용도로 사용했다. 우리는 아로마 테라피와 같이 특수한 용도가 아니라면 보통 향을 즐기기 위해 향수를 사용한다. 하지만 당시에는 향료를 약재로 사용했다. 뱃멀미 완화제나 가벼운 병을 치료하기 위한 수단으로 활용했고, 흥미롭게도 호신용품으로 개발하기도 했다. 재료를 섞어 고약한 악취를 창조하거나 때로는 독성을 가진 성분을 조합해 호신용으로 사용했다. 현대 사회에서 매운 성분으로 만들어지는 호신용 스프레이와 비슷하다.

레오나르도 다 빈치가 향을 만들 때 사용한 재스민과 라벤더, 아몬드 등은 그로부터 수백 년이 지난 지금까지도 향수에 자주 사용되곤 한다. 물론 이러한 방법으로 향유만 만들지는 않았다. 식물로부터 향료를 추출하고 추출 방법을 연구하는 것 또한 조향사가 하는 일이지만, 뭐니 뭐니 해도 조향의 꽃은 향기 창조 아니겠는가. 레오나르도

다 빈치가 설계했던 향기 구조 중 가장 낭만적으로 묘사된 향 사용법은 그가 구상한 정원 설계에서 엿볼 수 있다.

소담한 집 뒤편에 자리한 아늑한 정원을 상상해 보자. 이 정원을 채우고 있는 나무는 감귤나무다. 애정으로 가꾸어 울창해진 감귤 나무에서 뻗어 나온 가지와 이파리는 정원의 지붕을 이루고 새들이 놀러 와 시시때때로 노래를 들려준다. 이파리에서 뿜어 나오는 신선한 녹색 내음은 시간이 지나면 열매를 맺어 과실의 향이 더해진다. 많은 과실나무 중에서 감귤나무로 이 정원을 채운 것은 그의 의도다. 레오나르도 다 빈치는 감귤에서 풍기는 새콤하면서도 달콤한 향이 바람을 타고 흐르고, 새의 노랫소리가 향에 감겨 공간을 채우는 공감각적 정원을 디자인했다. 쉴 곳 찾는 새를 유혹해 지저귀는 노랫소리를 빌리는 것까지 그의 '향기 정원' 디자인이다. 향을 설계하기 위해 후각과 다른 감각을 적극 융합했다는 점에서 오늘날 음악이나 일러스트를 활용해 향을 묘사하는 향수 브랜드와 공통점이 있다.

이 정원의 향을 재현해 룸 스프레이로 만든다면 어떤 향일까? 첫 향은 시트러스와 그린의 조합으로 맡자마자 기분 좋은 상큼함과 신선함을, 이후 첫 향은 작은 새들의 노랫소리를 표현한 보드라우면서도 청초한 꽃 향이 중심을 차지하면 어떨까? 잔향은 정원의 나무와 그늘

이 떠오르는 차분하고 시원한 향으로 구성해 보면 좋겠다. 이렇게 만들어진 향은 마치 유럽 시골 풍경을 방 안에 가져온 것처럼 바쁜 일상 속 찰나의 휴식이 필요할 때나 느긋하고 여유롭게 대화를 나누고 싶을 때 찰떡같이 어울리는 공간을 만들어 줄 것이다. 레오나르도 다 빈치가 당시 만든 향이 남아 있지 않아 아쉽지만 그의 기록을 모티프로 수백 년이 지난 향을 찾는 방법은 우리가 즐기기 나름이지 않을까 생각한다.

물은 더럽고 향수는 안전해요

중세 유럽의 공중위생이 엉망이라 하이힐과 향수가 발전했다는 이 야기를 들은 적 있는가? 길거리에 오물이 흘러넘쳐서 이를 밟지 않기 위해 남녀 할 것 없이 굽이 높은 하이힐을 신었고, 곳곳에서 풍기는 악취를 피하려고 향수를 뿌렸다는 설이 있다. 이미 정설처럼 받아들 여지는 것과 다르게 이 이야기에는 다소 와전된 부분이 있다.

현재처럼 완벽한 하수도 시설을 갖추지 못해 지저분한 면은 있었 겠지만, 중세에는 사회적 지위와 계급의 상징을 특히 중요시했기 때 문에 나름의 처리 시설은 존재했다. 그래서 상상만큼 길거리에 오물 이 굴러다니는 환경은 아니었다. 그러나 당시에는 세균이나 바이러스 가 질병의 원인이 된다는 개념이 없었기 때문에 현대와는 다른 위생 관념을 가지고 있었다. 가장 대표적인 차이가 몸에서 향기가 나면 질 병에 걸리지 않는다고 믿었던 점이다. 그래서 건강과 부를 과시하기 위해 향수가 필요하다고 생각했다.

감기나 염증 등 여러 질병은 세균과 바이러스에 의해 발생한다. 하 지만 눈으로 볼 수 없는 세균과 바이러스의 존재는 19세기가 되어서 야 과학자 파스퇴르에 의해 밝혀졌다. 당연히 19세기보다 한참 전인 중세 시대 사람들은 병을 일으키는 아주 미세한 존재를 알지 못했다. 그래서 중세 사람들이 생각한 질병의 원인은 바로 악취였다. 악취에 노출되면 병이 든다고 생각했다. 자연스럽게 악취를 가려 주고 좋은 향기를 더해 주는 향수에는 질병의 예방과 치료 효과가 있다고 믿었다.

이와 더불어 향수를 치료용이라고 굳게 믿은 데는 유럽에 등장하기 시작한 기독교 영향이 크다. 기독교의 경전인 성경 속에는 마리아가 예수 발에 향유를 붓는 장면이 묘사된다. 얼마나 성스러운 장면인가. 예수에게 닿을 정도의 물질이라면 믿을 수 있지 않을까? 기독교의 영향력이 커지면서 이 장면은 향수를 더욱 종교적이고 신성한 것이라는 인식을 강화했다. 그래서 점차 개인 치장이나 쾌락을 위한 이용을 지양하고 치료와 질병 예방 목적에 집중한 것이다.

'악취가 문제라면 목욕을 하면 되지 않을까?'라고 생각할 수도 있다. 물로 노폐물과 오염을 닦아 내는 일은 어렵지 않고, 실제로 중세 유럽보다 이전인 고대 로마나 그리스 시대에는 공중목욕탕 시설이 매우 발달했으니 말이다. 목욕탕을 만드는 기술이 없어서 목욕을 하지 않은 게 아니었다. 중세 유럽인들도 목욕을 즐겼다. 특히 목욕은 부유한 귀족이나 중산층이 즐기는 일종의 문화 시설이었는데, 목욕이 너무 즐거웠던 나머지 목욕탕을 배경으로 매춘과 같은 비도덕적인 행위

들이 등장하기 시작했다. 교회는 종교적으로 비도덕적인 쾌락을 비난했고 공중목욕탕을 적극적으로 폐쇄했다. 그러면서 목욕을 부정적인 것, 정결하지 못한 것이라고 인식하기 시작했다. 이것이 바로 목욕이 대중에서 멀어진 원인 중 하나다.

엎친 데 덮친 격으로 16세기 창궐한 페스트 같은 전염병은 목욕을 더욱 공포의 대상으로 만들었다. 온 도시를 절망에 빠트린 질병의 원인이 목욕이라고 생각한 것이다. 전염병으로 인한 악몽이 계속되면서 물에 들어가면 병에 걸리고 피부병이나 염증이 생긴다는 믿음이 팽배해졌다. 어느 정도는 실제 영향도 있었을 것이다. 당시 위생 관념이 지금처럼 투철하지 않았던 데다가 다수의 인원이 목욕탕을 공유하면서 실제로도 비위생적인 환경이었을 것으로 짐작한다. 지금도 목욕물 환수 등 관리가 잘 안되는 공중목욕탕에서 질병을 옮아오는 경우가 더러 있다. 질병에 걸린 채로 하나의 욕탕 안에 여러 사람과 들어가 있으면 서로 질병을 옮기고 옮아오는 셈이다.

시간이 지날수록 물에 대한 불신과 공포는 더욱 공고하게 자리 잡았고, 이 때문에 많은 공중목욕탕이 사라지고 심지어 개인 목욕탕까지도 줄어들었다. 그러나 여전히 외적으로 깨끗함을 보여 주는 것은 필요했다. 사람들은 목욕 화장수를 적신 천으로 몸을 닦고, 때가 묻지 않은 깨끗한 옷깃과 소매를 보여 주며 자신이 관리하고 있음을 증명했다. 이때 위생의 증거로 향수를 뿌려 좋은 향을 풍기도록 했다. '향기가 느껴지죠? 저는 깨끗하답니다'라고 표현한 것이다.

페스트와 관련된 자료를 접한 적 있다면 긴 부리가 달린 까만 가면을 뒤집어쓴 의사 사진을 봤을 것이다. 이 가면 또한 나쁜 공기와 냄새를 막기 위해서였는데, 불쾌한 악취는 곧 병을 옮긴다는 믿음에서 만들어졌다. 르네상스 시대부터 중세까지 사람들은 질병을 옮기는 악취를 막기 위해 향료가 들어 있는 작은 주머니를 지니고 다녔다. 17세기의 조향사 시몽 바르브가 남긴 처방전에 따르면 이 주머니는 머스크와 씨벳 오일, 페루 발삼 등의 향료로 만들어졌다고 한다.

희석되지 않은 머스크와 씨벳 오일이라니. 굉장히 애니멀릭하고 꼬릿해서 관능적이면서도 묘한 향긋함을 상상할 수 있다. 거기에 더해진 페루 발삼이 오래 숙성된 느낌을 주며 주머니를 가지고 있는 사람 주위에 향이 맴돌도록 했을 것이다. 향주머니만 상상하면 나름 매력적인 조합이지만 이 주머니를 가지고 다닌 사람들이 잘 씻지 않은 상태라는 것을 감안해야 한다. 농축된 체취가 주머니 속 향과 섞인다면……. 중세 사람들은 아마 현대의 기준으로는 민폐라고 여겨질 만큼 진하고 강렬한 냄새를 풍겼을 것이다.

중세의 위생은 18세기 계몽주의가 퍼지면서 개선되었다. 이제 다시 물로 몸의 냄새와 때를 지우는 시대가 되었다. 그리고 물 중심 위생주의가 발달하면서 향수는 새로운 역할을 맡는다. 더 이상 병의 치료와 예방을 위해 향을 패용할 이유가 없었으므로 의학적인 의도는 점점 옅어지고 개인 치장과 쾌락을 위한 도구로 변화했다. 하지만 삶에 필요가 없어졌다고 해도 향은 여전히 가까이 두고 싶었나 보다. 비로소 '좋은 향' 그 자체에 집중하게 된 향수는 이후 합성 향료가 발명되고 산업화 시대를 거치면서 우리가 알고 있는 현대적 모습을 갖추게 된다.

고대 그리스인들의 향수 사랑

"클레오파트라 코가 조금만 낮았더라면 세계의 역사가 바뀌었을 것이다"라는 말을 들어본 적 있는가? 수학자이자 철학자였던 블레즈 파스칼의 유고집 《팡세》에 나오는 표현이다. 우리에게도 익숙하듯이 오랫동안 클레오파트라는 미의 대명사로 여겨졌다. 매력적인 외모와 함께 정치적 감각과 지성까지 갖춘 여성이었다고 말이다.

클레오파트라는 향을 사랑하고, 향을 적재적소에 활용할 줄 아는 전략가였다. 전설에 따르면 정치적으로 불리한 입장으로 안토니우스를 만나야 하는 위기 상황에 부닥쳤을 때, 그녀는 배의 돛을 향료로 칠하고 배를 꽃으로 채워서 안토니우스가 자신을 눈으로 발견하기 전에 코로 자신의 존재를 먼저 느낄 수 있게 했다고 한다. 그렇게 클레오파트라와 대면하기 전부터 안토니우스는 향기에 취했다. 향으로 치장한 자신이 얼마나 매혹적인지 알고 있었던 클레오파트라와 반대로 화려하고 관능적인 향의 세계에 면역이 없었던 장군 안토니우스는 곧 향을 넘어 클레오파트라에 취했을 것이다.

본래 그리스인이었던 클레오파트라는 이집트로 가기 전부터 일찍이 향수의 힘을 알고 있었을지도 모른다. 흥미로운 전설과 이야기로 가득한 고대 그리스 신화 속에서 향수는 종종 중요한 역할로 등장했다. 신화 속에서 그리스 신들은 인류에게 향수 사용법을 가르치기 이전부터 스스로 치장하기 위해 향을 즐겼다. 그중에서도 특히 장미의 화려하고 생생한 향을 매력적으로 느꼈다고 한다. 장미가 지금과 같은 아름다운 색과 향기를 품게 된 데는 그리스 신 아프로디테와 에로스의 역할이 컸다. 신화에 따르면, 본래 색도 향도 없던 흰 장미를 보고 미의 여신 아프로디테는 장미 가시로 자신의 손을 찔러 흘러나온 피를 꽃잎에 닿게 했다. 신의 피에 물든 장미는 곧 꽃잎이 붉게 물들었고, 그 자태에 반한 사랑의 신 에로스가 꽃잎에 키스하자 아름다운 향이 생겨났다고 한다. 무려 아프로디테의 피와 에로스의 숨결이 닿은 결정체이니 모두가 사랑에 빠질 수밖에 없는 꽃이다.

계절이나 옷차림이 바뀌면 왠지 평소에 쓰던 것과 다른 향에 손이 간다. 그래서 화장대 위 향수병은 나도 모르는 새에 개수가 늘어난다. 아마 고대 그리스인들의 화장대에는 더 많은 향수병이 늘어져 있었을 것이다. 완벽한 치장을 위해서 갖추어야 할 향 종류가 매우 많았기 때문이다. 고대 로마나 이집트와는 다르게 그리스인들은 특이하게도 신체의 부위에 따라 다른 향을 사용했다.

마조람(marjoram)은 우리나라에서는 생소한 허브 종류지만, 유럽에서는 향신료로 요리에 활용하거나 차로 즐겨 먹는다. 약간의 새콤한 향과 함께 은은한 달콤함이 느껴지는 마조람 오일은 신경 안정에 효과가 있고 무엇보다도 불면증 개선에 도움이 된다고 한다. 그리스인들은 마조람 향을 머리와 가까운 곳에 입혀 향과 효능을 한껏 받아들이고자 했다. 주로 머리카락에 마조람 오일을 발라 예민해질 수 있는 신경을 차분하게 다스리고, 걸을 때마다 흔들리는 머리카락을 통해 은은한 향이 퍼져 나가게 했다. 또 가슴에는 팜나무 기름을, 팔에는 민트 향을, 무릎에는 타임(허브) 향을 사용했는데 신이 알려 준 향 활용법을 아주 적극적으로 따르고 있었던 것으로 보인다. 신의 가르침을 받드는 멋쟁이가 되려면 꽤나 방대한 향 컬렉션을 갖추어야만 했을 것이다.

고대 그리스인은 향수를 신의 선물이라 생각하며 목욕 후나 특별한 행사에 참석할 때 주로 사용했다. 향 자체를 즐기기도 했지만, 향에는 신의 기운이 담겨 있어 나쁜 기운을 가진 정령을 쫓아 주는 부적이자 신체를 회복시키는 치유의 힘을 가졌다고 생각했다. 또한 신이 주신 것이기에 신에게 다시 바치는 것도 중요했다. 그래서 예배를 드릴 때는 신이 있는 올림푸스까지 닿을 수 있도록 향을 널리 퍼트려 신에게 기쁨을 선물하고자 했다. 또 그들의 삶에 향수가 얼마나 큰 의미였냐면, 세상을 떠나는 마지막 순간인 장례식에서도 향을 귀하게 다

렸는데 향수를 살 경제적 여유가 없는 사람들은 관에 향수병을 그려서라도 망자와 신을 위한 향을 챙겼다.

향을 사랑하고 열성적으로 사용한 그리스에서 향수 제조 기술이 발전한 것은 필연적이었다. 불에 태우지 않고 식물과 나무의 진액으로부터 오일을 뽑아내 피부에 바르는 액체 향수를 만들기 시작한 것도 고대 그리스 문명이었으며, 머스크나 용연향(앰버그리스)과 같이 향수를 더욱 다채롭게 만들어 주는 동물성 향료를 처음 사용한 것도 바로 그리스였다. 동방과의 교역이 활발해질수록 향수에 사용할 수 있는 향료 선택의 폭

도 넓어졌다. 신이 선물한 기쁨에 취한 인간은 곧 인간적인 방법으로 향기를 만끽하는 방법을 만들어 냈고, 더 이상 향은 올림포스만을 위한 즐거움이 아니게 되었다.

가장 오래된 향수와 최초의 조향사

향수 여정을 이야기하면서 고대 이집트를 빼놓을 수 없다. 고대 이집트에서 향은 보통 신과 관련이 깊다. 고대 문명에서부터 신에게 닿기를 기원하는 마음으로 연기를 피웠듯이 고대 이집트인들 역시 신과 소통하고 신을 기쁘게 하기 위해 향을 피웠다. 특히 신에게 제물을 바칠 때는 무엇보다도 향이 중요한 역할을 했다. 동물을 제물로 바치면 필연적으로 악취가 발생한다. 이때 일종의 전문 조향사로서 신전에서 필요한 향을 직접 만들던 이집트 사제들은 향을 품고 있는 나무 수지를 이용해 제물에 남아 있는 냄새를 감추고 향긋함을 더했다. 그래야 신이 제물에 더 만족한다고 믿었기 때문이다. 무려 기원전 3000년경부터 향수를 만들고 발전시켜 온 이집트 향 문화의 위대함은 벽화 속에 상형 문자로도 기록되어 있다. 심지어 에드푸 신전에는 벽면 가득 상형 문자로 향수 만드는 방법이 새겨진 '향수 연구실'이 발견되기도 했다.

세상을 떠난 이후에도 향과 함께하고 싶었던 왕과 귀족들은 향유와 함께 무덤에 묻혔다. 사제 혹은 파라오가 주인으로 추정되는 고위층의 무덤이 열렸던 1897년. 그 안에서 향유병이 발견되었는데 수천 년의 시간이 지나 다시 공기와 섞이게 된 향유에서는 여전히 달콤한 향이 남아 있었다고 전해진다. 조향의 역사에서 기록으로 확인할 수 있는 가장 오래된 향 역시 고대 이집트에서 발견되었고, 그 이름은 '키피'(Kyphi)다. 이 신비로운 향의 레시피를 따라 하는 사람은 현재까지도 굉장히 많다.

이집트 전역에 존재하던 사원마다 키피의 구체적인 레시피는 달랐지만, 배합비와 관계없이 공통적으로 16가지 원료가 꼭 들어갔다. 몰약과 꿀, 와인, 건포도, 향나무 등 신이 내린 향을 품은 원료를 준비하면서 사제들은 신에 대한 경외와 기원을 담았다. 매일 밤이 되면 사원에서는 키피를 태웠다. 키피에서 피어오른 연기는 향을 품고 지하 세계로 여행하는 신들을 기쁘게 만든다고 믿었다. 또 다음 날이면 태양의 신 '라'(Ra)가 무사히 돌아와 새로운 아침을 맞이할 수 있도록 온 마음을 다해 향기의 길을 마련했다. 고대 이집트인들은 아침에 새로 뜬 태양을 보며 전날 밤에도 신이 만족했음을 확인했다.

고대 이집트 사람들은 신전 밖에서도 향을 적극적으로 사용했다. 지금 현대인들이 나의 이미지를 완성하고 깊은 인상을 주고 싶을 때 자신을 특정할 수 있는 향수를 지속적으로 사용하는 것처럼, 신분이 높은 관리인이나 파라오는 독특한 향을 꾸준히 사용해 본인들의 계급과 지위를 표현했다. 향기만 퍼져도 본인의 존재를 알아챌 수 있도록 권위의 상징으로 활용한 것이다. 또 당시 연회에서는 동물의 지방에 아로마 수지를 섞어 원뿔 모양으로 만든 뒤 머리에 얹는 것이 유행이었다. 지방으로 만들어진 뿔은 열에 약하다. 연회가 지속되면 그 열기에 원뿔이 서서히 녹아내리는데 녹으면서 그 안에 갇혀 있던 향이 은근하게 번지기 시작했다고 한다.

알코올로 향을 발향시킬 수 없던 환경에서 고안한 우아하면서도 창의적인 향 착용 방법이다. 이 방법은 단순히 향을 몸에 패용하는 것보다 더 멀리까지 향기를 전했을 것이다. 하지만 기름이 흘러내리면서 얼굴과 옷을 적셔 불편하지는 않았을까? 끈적거림으로 인한 불쾌함과 불편함을 참으면서까지 향에 집착한 것은 고대 이집트에서 향기는 자신의 지위를 표현함과 동시에 향이 신체와 영혼의 균형을 이뤄 준다고 믿었기 때문이다. 본능적으로 천연 향료가 가지고 있는 진정과 집중 효과를 느꼈던 것일까? 꼭 향기 나는 기름을 머리에 뒤집어쓰며 밤새 파티를 벌이지 않더라도 이집트인들은 일상 속에서 향을 연고 형태로 만들어 자주 발라 주며 일종의 아로마 테라피 효과를 누렸다.

기록에서 찾을 수 있는 가장 오래된 향이 '키피'라면 최초의 조향사는 누구일까? 바로 문명의 요람이라 일컫는 고대 메소포타미아의 여성 화학자 '타푸티'(Tapputi)다. 고대 이집트처럼 메소포타미아 또한 최초의 향 문화 발상지로 여겨지는데 당시의 귀중한 기록은 무려 쐐기 문자로 남아 있다. 허브와 꽃, 나무의 수액이 굳은 수지 등 자연물을 향료로 정제하는 과정이 기록되어 있는데, 이를 담당한 조향사가 바로 '타푸티'였다. 이를 통해 메소포타미아 문명에 이르러 인류는 드디어 정제된 향료를 사용해 향수를 만들었음을 알 수 있다. 비로소 우연히 맡은 좋은 냄새를 좇는 단계를 지나 주도적으로 향을 찾고 새로운 향을 탐구하는 단계로 발전한 것이다.

타푸티는 단순히 풀과 나무를 태우고 그 연기를 몸에 쐬는 것이 아니라 꽃과 기름, 갈댓잎 등을 증류하고 추출한 다음 모인 향료를 섞었다고 한다. 조향 원료를 직접 생산해 블렌딩까지 했다고 하니 그야말로 조향사의 정석이다. 이렇게 메소포타미아에서 태어난 조향 기술로 향의 창조가 가능해졌고, 이후 향수는 이집트에서 사회적·문화적·종교적 역할을 다하며 빠르게 성장한다.

조상님들의 머스트 해브 아이템

　지금까지 살펴본 내용은 서구권, 그중에서도 유럽과 관련된 이야기가 많았다. 오늘날 우리가 쉽게 접하는 향수나 향초, 방향 제품들은 대부분 서구 문화권에서 유래된 형태가 많다. 시장에서 인기 있는 유명한 럭셔리 향수 브랜드 또한 해외에서 수입된 제품이 대다수다. 그러다 보니 향 문화와 역사를 되짚다 보면 자연스러운 의문이 생긴다. 향을 여러 용도로 사용하는 문화가 인류 발전에 보편적으로 나타난 현상이었다면 동양권, 특히 우리나라에서 독자적으로 발전한 향 문화는 없었던 걸까? 우리 조상들은 향을 싫어했기에 사양된 것일까?

　물론 그렇지 않다. 다만 상대적으로 우리나라는 향 문화에 대중의 관심이 덜 했을 뿐이다. 이미 삼국 시대부터 향과 관련된 역사는 존재했다. 기록에는 중국 사신이 처음으로 신라에 향 피우는 물건을 가지고 왔다고 남아 있다. 중국으로부터 들어온 향을 신라인들 또한 적극적으로 즐겼다고 한다. 또한 고구려를 배경으로 한 '바보 온달과 평강 공주' 이야기에서 평강 공주가 처음 온달의 집을 찾았을 때, 눈이 보이지 않는 온달의 어머니는 평강 공주에게서 나는 향을 맡고 귀한 신분이라고 추측했다고 한다. 고구려에서도 이미 치장할 때 향을 사용했음은 물론, 향을 통해 신분을 나타내고 있었음을 알려 주는 예시다.

삼국 시대부터 향을 적극 활용했던 사실은 여러 문헌에서도 나타난다. '단군 신화' 속 곰과 호랑이가 신에게 받은 과제가 '쑥과 마늘 먹기'였던 것을 보면 향을 특별하게 생각했다는 것을 알 수 있다. 단군 신화의 세부적인 내용은 시대에 따라 조금씩 달라지는데, 삼국 시대 이전까지는 쑥과 마늘의 고난이 등장하지 않는다. 쑥과 마늘이 채식을 위해서라고 하기엔 향신료 성격이 강하다. 단순히 육식 동물의 본능을 거스른 고난을 강조하기 위해서라면 배추나 무처럼 향이 강하지 않은 채소로도 충분했을 것이다.

삼국 시대를 지나 점점 더 활발하게 사용된 향은 조선 시대에 이르러 사회적 지위와 개인 인품을 보여 주는 중요한 수단으로 활용되었다. '패션의 완성은 향'이라고 이야기하는 지금의 패셔니스타처럼 우리 조상들은 향이 들어 있는 주머니를 액세서리로 만들어 치장을 완성했다. 부드러운 비단 주머니에 한약재를 넣어 만든 향낭 노리개나 단단한 나무에 조각을 더한 향갑 등의 장신구는 보기에 아름다웠을 뿐만 아니라 은은하게 향을 풍겨 사람을 더욱 매력적으로 만들었다. 선추는 색색의 끈에 구슬을 엮어 부채 끝에 매다는 장식이다. 그래서 부채를 쥔 사람이 부채를 부칠 때마다 자연스럽게 흔들리며 바람을 타고 향을 더욱 멀리 퍼트렸다. 주로 남성들이 부채를 들고 다녔던 것을 보면 당시에 향을 즐기는 데 있어 남녀 구분이 없었던 것을 알 수 있다.

인센스 스틱을 즐겨 피우는 사람은 옷장에 향이 적절하게 배어들어 향수를 뿌리지 않아도 독특한 향기를 머금게 되는 걸 즐긴다고 한다. 조선 시대 역시 외출 전 향을 피운 뒤 그 연기가 옷에 스며들도록 하는 '훈의'가 보편적으로 사용되었는데, 효과적으로 향을 입히기 위해 적절한 높이에 옷을 걸쳐 놓을 수 있는 도구도 발명되었다. 넓은 소매 안에 가둬진 연기는 움직임에 따라 펄럭거리며 조금씩 새어 나왔다. 조선 시대 혹은 그 이전부터 전해져 내려오는 지혜가 아닌가 싶다.

이뿐만이 아니다. 배우 하지원 씨가 황진이 역을 맡아 인기를 끌었던 KBS 드라마 〈황진이〉에서는 목욕할 때 백단향 가루를 물에 풀고 오일을 몸에 문지르는 장면이 나온다. 우리에게 '샌달우드'로 더 익숙한 백단향은 보드라우면서도 우아하고 달콤한 향을 풍기는데 황진이의 거부할 수 없는 매력을 더욱 부각하는 향이다. 그 외에도 향이 나는 약재를 먹거나 양치하는 등 우리 조상들은 진심으로 향을 사랑하고 활용했다.

향과 함께 보관한 옷은 자연스럽게 향을 머금게 된다. 계절이 지난 옷이나 이불을 보관할 때 벌레 먹는 것을 방지하기 위해 방충제를 사용해 본 적이 있는가? 우리 조상들은 향과 함께 옷을 보관해 좋은 향을 입힘과 동시에 좀벌레 등으로 인한 피해를 예방하는 지혜를 발휘

했다. 또 선비의 사랑방에서 빠지지 않고 피어나던 향은 공간을 채우기 위한 것만이 아니었다. 인쇄술이 발달한 지금과는 달리 비교할 수 없이 귀했던 책을 보존하기 위해 향을 피웠다. '책벌레'라는 말은 책을 좋아하는 사람을 일컫는 흔한 관용구지만 실제로 습한 환경에서 보관된 책은 벌레가 서식하기 좋은 환경이 된다. 그래서 방충 효과가 있는 향을 조합해 소중한 책을 벌레로부터 지키려고 했다.

좋은 향도 풍기고, 벌레도 쫓고 그야말로 효율의 극대화다. 이 사소한 영역에서 연구와 고민의 흔적이 느껴진다. 오늘날에도 모기향처럼 벌레를 쫓기 위한 향 제품이 있다. 하지만 그 냄새를 패션으로 이용하는 사례는 거의 없다. 지금은 향을 제품별로 용도를 뚜렷하게 구분해 사용하는 편이니 말이다. 시트로넬라 오일처럼 모기를 쫓아 준다는 향이 존재하지만 향이 한정적인

게 아섭다. 이전의 기록을 되짚다 보면 새로운 기능성 향수를 만들 수 있지 않을까? 우리 조상들의 지혜를 따라 다음 계절에 옷장을 정리할 땐 나프탈렌 대신 백단향을 넣어 보고 싶다.

조선 시대 만능 응급 키트

향긋한 냄새를 가까이하면 벌레 접근도 막을 수 있다니 그 누가 향을 거부하겠는가? 그러나 조상님들은 향을 방향과 방충 두 가지 목적 외에도 다양한 곳에서 활용했다. 누구나 갖추어야 하는, 응급 상황에는 바로 꺼내서 먹을 수 있는 상비약으로 말이다.

지금처럼 화학이 발달하지 않았던 조선 시대에는 무엇으로 향을 냈을까? 대부분 다양한 식물과 향신료를 말리거나 또는 한약재 재료를 사용했다. 한약재가 향료로 사용된 것은 향 측면에서도 상비약 측면에서도 아주 실용적이다. 길을 걷다가 한약재 냄새를 맡고 한의원이나 한약방이 근처에 있다는 걸 짐작한 적이 없는가? 한약재 종류는 생각보다 향이 세고 멀리 퍼져 나간다. 특히 우리가 평소에 쉽게 맡는 냄새가 아니라서 더 존재감이 도드라진다.

한약재 냄새는 향기롭지 않은데 어떻게 향수처럼 쓰이냐고? 향을 좋다 나쁘다 평가하는 것은 지극히 주관적이고, 나에게는 쓰기만 한 한약재 냄새라도 누군가에겐 마음이 편안해지는 향일 수 있다. 게다가 요즘은 한약재 냄새를 맡을 일도 거의 없고 그러다 보니 자연스럽게 향에 익숙해질 기회도 적다. 또 대부분 한약재를 향으로 먼저 접하기보단 쓴 한약으로 먼저 접해 좋은 냄새라고 인식하지 못한다. 하지만 경험에 따라 얼마든지 취향은 변한다. 지금은 맵고 톡 쏘는 당황스러운 향일지라도 얼마든지 영혼을 울리는 단 하나의 향으로 느껴질 수 있다.

조선 시대 사람들은 한약재와 향신료를 섞은 향으로 치장을 마무리했다. 사향(머스크)처럼 향취 존재감이 뚜렷하고 그 자체로 복합적인 향을 지닌 원료는 단 하나만으로도 향을 내기에 충분하지만 우리 조상들은 아니었다. 사향에 여러 약재를 혼합해 환으로 만들어 구슬처럼 꿰거나 주머니에 담아 몸에 지녔다. 이렇게 만들어진 향낭은 그 자체로 훌륭한 비상 구급함이 되는 것이다. 예쁘게 갖추어 입고 외출했는데 갑자기 배가 아프다면? 걱정하지 않아도 된다. 노리개 주머니를 열어 향낭 속 내용물을 가루 내 먹으면 된다. 벗들과 오랜만에 풍류를 즐기다가 지긋지긋한 두통이 찾아온다면? 이 역시도 고민할 필요가 없다. 앞서 이야기했던 부채 끝 구슬 선추를 으깨서 삼키면 된다. 그야말로 든든한 만능 응급 키트가 아닐 수 없다.

건강한 신체만큼 건강한 정신도 중요하다. 몸과 마음이 균형을 이루고 안정되는 것이야말로 최상의 상태다. 어떤 향을 맡으면 머리가 맑아지고 마음이 편안해진다는 것을 우리 조상들은 일찍이 알고 있었다. 그래서 조선의 선비들은 글을 읽을 때, 연회와 모임에서 학식과정을 나눌 때, 잠이 오지 않을 때, 심신 수양할 때 항상 향을 가까이했다. 단순히 '좋은 냄새'를 피웠던 것이 아니다. 각각의 상황과 장소에는 어울리는 향이 따로 존재했고, 용도에 맞는 향을 찾아 구분해 사용했다고 한다.

심지어 우리가 방 안에 디퓨저를 놓아 공간을 향으로 채우듯 우리 조상들은 향주머니를 크게 만든 대(大)향낭을 방에 달아 놓기도 했다. 또 과거 시험을 위해 먼 길을 떠날 때면 집에서 사용한 향을 챙겼고, 미처 챙기지 못했다면 직접 솔잎 등으로 향을 만들어 썼을 정도다. 심지어 직접 향을 만들어 쓸 수 있는 일종의 조향 레시피가 선비들 사이에서 공유되었다고 한다. 향을 피우는 행위는 풍류를 완성시키는 마지막 요소였을 뿐만 아니라 마음 안정을 가져다주는 은은하고 향기로운 선비의 삶을 영위하도록 하는 필수품이었다.

한의학에서는 오래전부터 약재를 직접 먹는 것은 물론이고 향을 코로 들이마시는 것 또한 치료 수단으로 여겼다. 우리는 언제부터 허브를 활용한 아로마 테라피는 익숙하게 받아들이고, 한약재를 이용한 훈법(薰法)은 낯설게 느꼈을까? 만약 당신이 오랫동안 향을 좋아했고 그래서 이제는 이전과 다른 신선한 향을 찾고 있다면 어쩌면 백화점 향수 코너보다 한약방이 당신의 새로운 향 놀이터가 될지도 모른다.

종교의 향, 비나이다 비나이다

　연기는 아무리 좁은 틈이라도 금세 비집고 들어가 스며들고, 향은 누가 봐주지 않아도 스스로 퍼져 나간다. 한계와 장애물에 굴하지 않고 오로지 더 먼 곳을 향하는 모습 때문인지 고대부터 향은 종교 활동에 다양하게 쓰였다. 학창 시절 수학여행 단골 장소였던 사찰에서 피어오르던 향 내음이 익숙하지 않은가? 성인이 되어 종교를 불교로 선택한 지인은 어릴 적에는 향냄새를 좋아하지 않았는데 언젠가부터 향냄새가 마음을 편하게 만들어 사찰에 방문하기 시작했다고 한다. 목조 건물에 스며들어 있는 향냄새가 퍽 인상적인지 보통 나무를 연상케 하는 우디 향 향수를 '절간 냄새'라고 유쾌하게 표현하기도 한다.

　불교에서 향은 대표적인 공양물이다. 부처의 향이 온 세계에 가득하다는 것을 표현하기 위해 오랫동안 향기를 공양해 왔다. 유난히도 향을 사랑하는 불교였기에 향에 빗대어 가르침을 전달하기도 한다. 불교 경전 중 하나인 《증일아함경》에는 묘향(妙香)이라는 표현이 등장하는데, 이 묘향은 기이한 향기라는 뜻으로 바람이 반대 방향으로 불어도 사라지지 않고 풍기는 향기를 의미한다. 바람결에 향이 실려 오는 것은 자연스럽지만, 반대 방향으로 바람이 부는데도 내가 계속 향을 맡을 수 있는 것은 기이한 일이다. 물리적 법칙을 거스르며 당연하지 않은 모습을 보이는 향은 마치 부처가 전하는 메시지와도 같다고 한다. 또 스스로를 태워 한 줌의 재로 스러져 가면서 세상에 향기를 퍼트리는 향의 모습은 마치 불교에서 강조하는 희생적이고 이타적인 보살 정신처럼 보이기도 한다.

삼국 시대부터 국교였던 불교는 조선 시대에 이르러서는 힘을 잃는다. 불교를 억압하고 유교를 숭상하는 정책으로 변했지만 국교가 변해도 향의 역할은 줄지 않았다. 오히려 더욱 적극적으로 사용되었다. 조선 시대에는 나라에 천재지변 등 고민거리가 생겼을 때 백성들의 어려움을 해결하고자 하는 마음으로 제례를 올렸다. 제례를 올릴 때는 나쁜 기운을 물러가게 하고 정갈한 마음을 표현하기 위해 향을 사용했는데, 나라에서 지내는 제례에는 꼭 왕이 하사한 향을 사용했다고 한다.

심지어 왕이 하사한 향과 제사 올리는 장소로 축문을 가져가는 '행향사'라는 임시 벼슬도 있었다고 한다. 행향사는 아무나 선발되는 것이 아니라 행실이 바르고 작위가 높은 자만이 담당할 수 있었다. 그래서 때로는 왕세자가 직접 행향사가 되기도 했다. 간단한 임무를 수행하는 것 같지만 행향사는 제사 전 목욕재계하여 몸과 마음을 정갈히 한 뒤, 향을 전달하고 분향하는 데 책임을 다해야 했다. 심지어 예종과 성종 시기에는 제사를 올린 뒤 그 기원이 이루어지면 노력에 대한 별도의 포상이 주어졌다는 기록도 있다. 단순히 허울뿐인 직책이 아니라 그 노고를 인정받을 수 있는 실질적인 위치였다.

우리 조상들은 향이 주위의 나쁜 기운을 물리치고 깨끗한 기운을 불러온다는 믿음으로 관혼상제 등 주요 의식에 두루 향을 사용했다. 이미 우리가 알지 못하는 사이 경험해 봤을 수도 있다. 장례식에서 고인의 영정 앞에 향을 피우는 장면을 본 적 있는가? 상(喪)은 주요 의례 중 하나로 인간의 삶과 떼어 놓을 수 없다. 현대에 와서는 그 절차가 많이 간소화되었지만 여전히 향은 빠트리지 않고 피워 올린다.

불을 붙여 연기를 피우는 형태의 향이 아니더라도 향기를 품고 있는 물로 몸을 씻어 내리는 것 또한 몸과 영혼을 정화해 준다고 믿었다. 중요 무형 문화재로 지정된 진도의 '씻김굿'에서는 저승으로 떠나지 못하고 맴도는 망자의 영혼을 씻어 주는 과정을 매우 중요시한다. 이때 '씻김'을 위해 사용하는 것이 바로 여러 향을 우려낸 향기를 품은 향탕 혹은 쑥물이다. 향탕과 쑥물로 부정함을 씻은 망자의 영혼은 비로소 저승으로 떠나 편안히 쉴 수 있다고 한다.

슬픈 일인 조사에서만 향을 사용한 것은 아니다. 기쁨을 나누는 경사에도 빠지지 않고 향을 피워 행복한 순간을 방해하는 부정적인 기운을 막고자 했다. 특히 혼례를 치를 때 새색시 앞에서 부용향을 피워 나쁜 기운의 접근을 차단했다. 여기서 사용한 부용향은 말린 식물과 약재를 가루로 만들어 뭉친 일종의 인센스 스틱이다.

우리나라의 독자적인 향 문화는 안타깝게도 관련 기록이 많이 소실되었다. 특히 외국 사신들도 탐낼 정도로 풍부하고 고급스러운 향을 피워 냈다는 부용향 같은 선향과 관련된 기록은 아주 일부만 전해져 내려오고 있다. 왕이 행차할 때, 연회를 베풀 때 혹은 친교의 의미로 활용되었던 부용향은 소량으로만 만들어져 모두가 욕심냈다고 한다. 지금은 불교 등 일부 종교계와 소수의 향방에서만 사용하고 있는 우리나라의 전통 향. 가까운 미래에는 과거로부터의 영감을 현대적으로 발전시켜 일상에서도 더 많은 우리의 향을 맡을 수 있길 바라본다.

TIP. 나도 향수를 만들 수 있나요?

조향사가 되려면 어떤 전공이 필요할까?

향장향을 다루는 퍼퓨머가 목표라면 화학을, 식향을 다루는 플레이버리스트가 목표라면 식품 공학을 추천하지만 사실 전공 분야가 중요한 것은 아닙니다. 저만 해도 학부와 대학원 전공 모두 화학과 거리가 먼걸요. 다만 화학을 공부했더라면 조금 더 편했을 거라는 생각은 자주 했습니다. 낯선 화학 용어에 익숙해지기까지 너무 오래 걸렸어요. 제 주위에 조향사로 활동하는 분들 또한 굉장히 다양한 전공을 가지고 있답니다. 시각 디자인 등 미술 계열을 전공한 분도 있고, 건축을 전공한 분도 있어요. 화장품을 전공한 분들도 많이 마주쳤고요. 관련 학문을 전공하면 큰 도움이 되겠지만 관련 전공을 공부하지 않았다고 해서 포기할 이유는 없습니다.

조향사는 모두 타고난 후각을 가졌을까?

선천적인 후각 능력보다 향을 기억하고 표현하는 능력이 훨씬 더 중요합니다. 결국 조향사가 만든 향은 조향사 스스로가 아닌 타인이 맡고 느껴야 하니까요. 게다가 후각은 훈련으로 얼마든지 단련시킬 수 있습니다. 처음에는 단 10개의 조향 베이스만 구분할 수 있었다면 꾸준한 후각 훈련을 통해 수백 개의 향을 구분하고 기억할 수 있어요. 후각이 뛰어나면 물론 향을 구분할 때 아주 유리합니다. 미묘한 차이까지도 잡아낼 수 있으니까요. 하지만 향을 쌓아서 완성된 구조물로 만들어 내는 조향은 생각하는 것보다 조금 더 많은 계산이 필요합니다. 평소에 책이나 그림 등 감수성을 발달시킬 수 있는 콘텐츠를 자주 접하고, 사람과 주위 풍경에 관심을 가지는 것이 도움 될 거예요. 내 후각 능력이 평범하다고 해도 얼마든지 훌륭한 조향사로 성장할 수 있습니다.

조향사 자격증에는 어떤 것이 있을까?

현재 국내에서 발급되는 조향사 국가 자격증은 없습니다. 국내 발급 자격증은 모두 민간 자격증이에요. 그래서 조향사로 취업하거나 활동하기 위해 자격증이 필수인 것은 아닙니다. 자격증은 준비 과정에서 아주 기본적인 교육과 훈련을 수료했다는 의미이지 조향사 자격증이 있다고 모두가 훌륭한 향을 선보이는 것은 아닙니다. 자격증이 없어도 시작할 수 있어요. 다만 향장학이나 화학 지식이 없다면 자격증 공부를 하면서 익숙해지는 것이 좋습니다. 또한 말 그대로 '자격을 갖추었다는 증거'이기 때문에 취업을 목표로 하거나 문서로 이력을 제출할 때 든든하게 느껴질 수도 있습니다. 현재 국내에서 발급하는 조향사 자격증은 모두 민간 자격증이기 때문에 교육 기관별 커리큘럼과 수준에 차이가 있을 수 있으니 나에게 맞는 자격증 과정을 찾아 공부하는 것이 좋습니다.

조향사가 되려면 유학은 필수일까?

아무래도 향수의 본고장 프랑스로의 유학을 고민하는 분들이 많습니다. 겔랑의 전설적인 조향사 자크 겔랑이 시작한 'ISIPCA'(Institut Supérieur International du Parfum)나 이름만 들어도 설레는 남프랑스 그라스 지역의 'GIP'(Grasse Institute of Perfumery) 등을 많이 고민하죠. 가깝게는 일본의 'NIFFS'도 명망 있는 향 교육 기관입니다. 하지만 유학이 필수는 아니에요. 국내에서도 향장학을 공부할 수 있는 화장품 전공 과정이 많고, 해외 유명 조향 아카데미 과정을 수료할 수 있는 기관도 증가하고 있습니다. 본토의 현장감을 느끼며 다양한 경험을 추구하는 측면에서는 유학을 권장할 수 있지만 언어적 장벽과 수업료 및 생활비 등 제반 비용을 무시할 수 없기 때문에 장단점을 잘 따져 선택해야 합니다.

조향사만 되면 바로 향수를 만들 수 있을까?

우리나라 현행법상 향수는 화장품으로 분류됩니다. 화장품은 화장품 법에 의해 철저하게 관리되고 있어요. 아무래도 사람 피부에 직접적으로 닿는 제품이니까요. 화장품 제조를 위해서는 제조업 등록을 완료하거나 제조업 등록이 완료된 공장과 계약을 맺어야 하고, 판매를 위해 '화장품 책임 판매업'이라는 자격을 갖추어야 합니다. 즉, 조향사가 되었다고 해서 직접 만든 향수를 바로 판매할 수는 없어요. 방향제 등 생활 화학 제품 제조와 판매는 조금 더 유한 기준이 적용됩니다. 그러나 화장품이 아니더라도 필수 검사를 통해 유해하지 않음을 증명하고 신고까지 마쳐야 해요. 간혹 취미로 만들어서 선물하거나 소소하게 판매하겠다고 절차를 생략하는 분들이 있는데 모두 법적으로는 문제가 됩니다. 이런 행정적인 절차를 꼼꼼하게 살펴보지 않으면 큰 어려움에 부닥칠 수 있으니 꼭 철저하게 확인해야 합니다.

조향사가 되면 어디에서 일하게 될까?

향료 회사에 취직해서 전문 연구원으로 일할 수도 있고, 프래그런스 브랜드 소속 조향사가 될 수도 있습니다. 혹은 개인 브랜드를 만들어서 나의 제품을 다루거나 프리랜서 조향사로 활동할 수도 있어요. 화장품이나 식품 회사에서도 조향사를 필요로 하는 영역이 있죠. 요즘은 일부 마케팅 영역에서도 향을 다루는 능력을 필요로 하고 있어요. 향을 기억하고, 만들고, 표현하기 위해서는 아주 종합적인 사고 능력이 요구된다고 생각해요. 그러다 보니 조향 훈련을 통해 습득한 능력을 발휘할 수 있는 영역도 생각보다 다양합니다.

조향사를 꿈꾸는 사람들에게 해 주고 싶은 한마디

조향사라는 직업을 처음 밝히면 많은 사람이 향기로운 공간 속에서 우아하게 일한다고 생각합니다. 하지만 실제로는 20kg이 넘는 재료들을 옮겨야 하고, 오랜 조향 실험 시간으로 거북목 통증에 시달리고, 화학물 때문에 자잘한 상처를 달고 산답니다. 생각했던 것만큼 내가 만든 향 제품에 반응이 없어서 마음이 힘들기도 하고, 수요를 예측하지 못해 몸이 힘든 날도 있어요. 공부에는 끝이 없고 잡무도 끝이 없죠. 현실은 상상과 확실히 달라요. 여러 현실적인 어려움 때문에 중간에 포기하는 분도 많습니다. 하지만 그래도 내가 좋아하는 영역을 직업으로 삼을 수 있어서 운이 좋다는 생각을 항상 하죠. 어떤 일이든 어려운 부분은 존재하는 법이니까요. 그러니 조급해하지 말고 차근차근 경험하며 의지를 다지면 원하는 결과를 쟁취할 수 있을 거라고 말하고 싶어요. 결국 꿈은 꿈꾸는 자만이 도달할 수 있는 특권이니까요.

나는 어떤 향을 좋아할까? 눈에 보이지도 손에 잡히지도 않는 향수는 어떻게 표현해야 할까? 향수 계열을 이해하는 것은 향수를 구매하고 사용하는 데 강력한 무기가 된다. 여기에 절대적인 기준은 없으므로 향수 브랜드마다 조향사마다 다르게 분류할 수 있지만, 우리가 자주 접하는 향과 나에게 필요한 향은 무엇인지 크게 10가지 계열로 향을 나누어 이야기해 보려고 한다. 이번 장을 다 읽고 나면 '평소 어떤 향 좋아하세요?'라는 질문에 어떻게 대답해야 할지 알 수 있을 것이다. 물론 당장 향수 쇼핑을 계획하지 않더라도 내 취향을 구체적인 단어로 이해하는 것은 언제나 즐거운 일이다.

제 3 장

아는 만큼 맡는다

Floral: 작은 꽃들의 향연

　동서고금을 막론하고 경제가 어려워지면 소비 시장은 위축되고 불안해진다. 당장 먹고사는 데 직접적으로 영향을 끼치기 때문에 예민하게 반응할 수밖에 없다. 심지어 앞이 보이지 않는 엄청난 규모의 경제 위기라면 사회는 패닉에 빠지게 된다. 그런데 1929년, 한 국가도 아니고 전 세계의 경제가 휘청거린 사건이 있었다. 바로 미국 주가 대폭락에서 시작된 세계 경제 대공황이다. 유럽과 아메리카 대륙에 닥친 대공황으로 인해 많은 사람은 절망에 빠졌다. 당장 내일의 일이 막막한 상황 속에서 희망은 보이지 않았고, 하루하루를 버티는 것만도 버거웠을 것이다.

　대공황 그늘 속에서 코코 샤넬과 함께 프랑스 대표 디자이너였던 장 파투(Jean Patou)는 사람들에게 새로운 희망을 선사하고 싶었다. 숨 한 번 들이쉴 짧은 순간에라도 밝은 미래를 꿈꾸며 다시금 일어설 힘을 주고 싶었다. 그래서 조향사 헨리(Henry)를 찾아가 비용과 상관없이 최고의 향수를 만들어 달라고 요청한다. 최고의 향을 맡는 순간만큼은 많은 사람이 현실의 어려움을 잠시나마 잊지 않을까 하는 기대에서였다.

예산 제한이 없는 프로젝트를 제안받은 헨리는 어떤 기분이었을까. 최고의 향을 만들어야 한다는 부담도 있었겠지만 평소엔 꿈만 꾸던 고가의 원료를 신나게 사용할 수 있는 기회이지 않았을까? 이것을 증명이라도 하듯이 이후 조향사 헨리는 원료에 과감하게 투자한다. 지금도 고가로 거래되고 당시에도 명품이라 불리던 향료를 끌어모아 한 병의 향수를 만드는 데 아낌없이 투자한다. 약 28g, 1온스의 향수를 만들기 위해 최고급 그라스 재스민 1만 600송이와 불가리아 로즈 336송이를 사용했다. 그렇게 20세기 최고의 향수로 손꼽히는 장 파투의 향수 '조이'(Joy)가 탄생했다.

이렇게 탄생한 조이는 1온스에 $800, 약 87만 원(당시 환율)에 판매되어 세계에서 가장 비싼 향수로 기록되었다. 지금이야 한 병에 100만 원을 훌쩍 넘는 고가 향수도 등장했지만 당시에는 엄청난 금액이었다. 하물며 당시 경제 상황을 생각한다면 어떻겠는가. 대공황 당시, 국토 개발 사업에 참여한 청년 노동자가 받은 월급이 $30였다고 한다. 국가사업에 참여해 최저 임금을 수령한다고 생각하면 조이는 최저 임금의 약 27배에 달하는 상상 이상의 가격이었다. 이 향수를 구매할 수 있는 능력을 갖춘 자는 이름처럼 '조이'를 누렸을 것 같다. 과연 실제 희망이 필요한 사람들에게 조이가 제 역할을 할 수 있었을지는 회의적이지만, 마케팅 측면에서는 성공적인 스토리텔링이 가능했다. 그리고 조이가 가지는 의미에 힘입어 어두운 시기에 태어났음에도 전 세계에서 가장 성공한 향수 중 하나가 되었다.

조이는 사용된 원료에서도 알 수 있듯이 재스민과 장미 향이 중심이 되는 클래식한 플로럴 부케 타입 향수다. 특정한 꽃 한 종류가 아니라 꽃다발처럼 복합적인 꽃향기가 어우러지는 플로럴 부케 타입답게 첫 시작은 산뜻한 장미 향으로 시작해 이내 부드럽고 관능적인 재스민 향이 퍼진다. 그 사이사이에도 작은 꽃들의 향연이 이어져 기분 좋은 풍성한 꽃내음이 공기를 물들인다. 조이의 중심이 되는 재스민 꽃 향이 지나가면 샌달우드의 잔잔하고 차분한 향이 여운을 남기며 마무리된다. 고급 향수로 자리매김한 만큼 유명 인사들의 사랑도 듬뿍 받았다. 영화배우이자 모로코 왕비였던 그레이스 켈리와 미국 케네디 대통령 부인 재키 케네디가 즐겨 사용했는데, 우아하고 클래식한 향기가 그들의 이미지에 잘 어울린다.

꽃을 표현한 플로럴 향수는 인간에게 가장 자연스럽고 당연한 향기가 아닐까. 향수로 가공하기 전부터 자연에 피어난 꽃 냄새를 즐기고, 꽃으로 사람과 장소를 꾸미려고 했을 테니 말이다. 꽃향기가 주는 즐거움은 시간이 흐를수록 깊게 각인되어 이제는 꽃만 보아도 자동적으로 아름다운 향을 기대한다. 그래서인지 대부분 향수에는 플로럴 노트가 포함되어 있다. 특정한 주제를 강조하려고 일부러 꽃향기를 제외한 향수 말고는 거의 모든 향수의 향 일부를 담당한다고 봐도 무방하다. 플로럴 노트는 범위가 방대해서 장미와 라일락, 재스민처럼 향수가 아니더라도 다른 생활용품이나 식품에서 자주 맡을 수 있는 익숙한 향이다.

꽃이 연상되는 향이기 때문에 보통 여성에게 어울리는 향으로 소개되는 경우가 많다. 하늘하늘한 소재의 원피스나 스커트, 친절한 미소와 어울리는 플로럴 향은 밝고 은은하며 부드럽고 동글동글한 느낌이다. 사랑스럽고 로맨틱한 분위기를 표현하기에 제격인 향수이기 때문에 데이트 직전 뿌려 주면 실패가 없다. 플로럴 향수 범위는 아주 넓기 때문에 니치 향수 브랜드 조 말론(Jo Malone)의 '피오니 앤 블러쉬 스웨이드'(Peony & Blush Suede)처럼 화려한 작약을 중심으로 풍성한 꽃향이 피어나다가 부드럽게 마무리되기도 하고, 구찌의 '블룸'처럼 달콤함이 조금 더 농밀하게 강조되기도 한다. 무거운 향과 조합해 어딘가 짙게 흑화한 검붉은 향기로 창조할 수도 있다.

향수에 성별 구분하기를 지양하면서도 여성에게 더 어울리는 것이 아닌가 하는 고정 관념을 완벽히 떨치기는 어렵다. 하지만 최근 니치 향수 브랜드는 유니섹스를 지향하면서 플로럴 노트도 적극적으로 활용하고 있다. 고정 관념을 깨는 것은 매우 오랜 시간이 걸리는 지난한 과정인데, 짧은 시간 동안 니치 향수에 대한 관심이 폭발적으로 증가하면서 성별 구분이 많이 사라진 것을 느낀다.

꽃향기를 좋아하는데 본인이 시폰 원피스나 진주 귀걸이와는 거리가 있다고 해서 포기할 필요는 없다. 이런 차림이 아니더라도 플로럴 향은 어떤 향료와 조합하느냐에 따라 아주 다양한 인상을 보여 준다. 녹색의 나뭇잎과 풀이 떠오르는 그린 계열의 향과 섞이면 꽃 특유의 로맨틱함보다는 들꽃이 가득 핀 자연이 연상되는 향이 탄생한다. 그래도 직접 뿌릴 용기가 나지 않는다면 방향제로 추천한다. 은은하고 신선한 플로럴 향은 침실 혹은 차에 두었을 때도 잘 어울린다. 좋아하는 향이라면 포기하지 말자. 즐기는 방법은 언제나 존재하니까.

- 추천 계절: 봄, 겨울.
- 추천 옷차림: 하늘한 원단의 원피스와 셔츠, 가벼운 카디건.
- 추천 상황·공간: 햇살이 깊게 들어오는 거실, 잔잔한 음악이 흐르는 편집숍.

Amber: 거부할 수 없는 이끌림

먼 옛날 사랑에 빠진 황제는 부인을 위해 세상에서 가장 화려한 정원을 만들었다. 300여 개에 달하는 분수를 설치하고 바닥에는 별을 박았다. 부인을 향한 사랑을 표현하기 위해서라면 모든 것이 가능했다. 그러나 그토록 사랑했던 부인은 이른 나이에 세상을 떠나버렸다. 비탄에 잠긴 황제는 그 후 22년 동안 막대한 비용을 쏟아부어 평생의 안식을 기원하는 궁전이자 묘지를 만들었다. 그렇게 한 남자의 사랑에서 시작된 경이로운 건축물, 샬리마르 정원과 타지마할이 탄생했다.

이후 몇 세기가 흐르고 황제의 숭고한 사랑 이야기는 대륙 너머 프랑스의 한 조향사에게 큰 영감이 된다. 그렇게 전설적인 조향사 자크 겔랑(Jacques Guerlain)의 손에서 탄생한 오리엔탈 향수의 시초 '샬리마'(Shalimar)가 세상에 등장했다. 그렇다면 왜 앰버 계열 향수를 이야기한다고 했으면서 오리엔탈 향수를 이야기하는 걸까. 바로 앰버가 오리엔탈 계열 향수를 일컫는 새로운 명칭이기 때문이다.

처음 샬리마가 세상에 등장했던 1900년대 초반 유럽인들은 유럽의 동쪽에 있는 중동과 동양을 신비롭고 이국적인 지역으로 여겼다. 낯선 영역에 환상을 가지는 것은 이해하지만 일부에서는 서양과 동양을 이분법적으로 구분하며 왜곡된 인식을 갖기도 했다. 동양은 신비롭고 성적으로 개방되어 있으며 사치와 향락을 좇는다는 편견을 포함해서 말이다. 이렇게 편향된 인식을 바탕으로 오리엔탈리즘이 시작되었다. 이 때문에 현대에 들어와서 오리엔탈리즘은 서양 중심의 세계관을 대변하는 시선이라는 비판을 받았다. 오리엔탈리즘을 근거로 식민화를 주장했던 아픈 역사를 겪은 탓이다. 또 지역 차별을 정당화하는 수단이 될 수 있다는 지적 때문에 지양해야 하는 개념으로 인식이 변했다. 그래서 조향계에서도 제국주의적 의미를 품은 표현인 '오리엔탈'을 대체할 수 있는 용어를 찾은 것이다.

또 하나의 이유는 새로운 세대에게 오리엔탈 의미가 전달되지 않기 때문이다. 사실 복잡한 사상보다도 이것이 더 실질적인 이유일 수 있다. '오리엔탈스럽다'라는 것은 어떤 의미일까? 조향계에서 오리엔탈은 중동 혹은 인도의 이미지를 표현한 용어였다. 하지만 실제로 조향 수업을 해 보면 전혀 다른 답을 듣기도 한다. 동양적인 느낌이다. 무언가 향을 피울 때 나는 연기 같다 등 심지어 한 수강생은 간장 소스 느낌이 난다고도 했다. 아마 오리엔탈 드레싱 영향이 아닐까 싶다. 특히 수강생 연령대가 어릴수록 공통점이 없고 각기 다른 이미지를 이야기한다. 재밌는 건 중동이나 인도를 이야기하는 수강생은 없었다. 처음 의도와 달리 더 이상 오리엔탈이라는 표현에 사회적 합의가 이루어지지 않는 것이다.

이처럼 복합적인 이유로 기존의 분류 체계를 대체할 필요성을 느낀 영국의 향 전문가 마이클 에드워드는 유럽 중심적 시각과 편견이 고착화되는 것을 막고 향을 더 직관적으로 설명하기 위해 2021년 '오리엔탈' 대신 '앰버'라는 용어를 제안했다. 앰버 계열 향수에는 유독 유혹적, 관능적 등의 수식어가 자주 붙는다. 동물성 향료와 달콤하고 따뜻한 나무의 진액 향이 주축이 되는 앰버 계열 향수는 향수마다 디테일한 인상은 달라지지만 공통적으로 깊고 묵직하면서 관능적이고 따뜻한 향을 품고 있다.

1977년 입생로랑에서 출시되었던 향수 '오피움'(Opium)은 탑 노트에 클로브, 페퍼 등 스파이시한 향신료의 개성적인 향과 더불어 베이스 노트에서는 벤조인과 바닐라, 머스크, 캐스토리움(비버의 분비선에서 채취한 동물성 향)을 조합해 이국적이면서 달콤하고 따뜻한 향을 느낄 수 있다. 오피움은 '아편'이라는 뜻으로 이름부터가 아주 도발적인데, 홍보 포스터는 더욱 도발적이었다. 슈퍼 모델 소피 달의 전신 누드로 만들어진 오피움 광고는 공개 후 많은 반발을 샀고, 일부 국가에서는 게시가 금지되기도 했다. 오리지널 버전이 단종된 후 새로 출시된 오피움은 아쉽게도 원래의 향과 달라졌다는 평가를 받는다. 그러나 여전히 성숙하고 화려한 그야말로 '어른의 향'을 느낄 수 있는 관능적인 향수다.

　최근 인기 있는 선명한 주제의 깨끗한 향 혹은 자연을 재현한 듯한 향을 선호한다면 앰버 향수가 독하게 느껴질 수 있다. 앰버 향수에 필수적인 애니멀릭 노트와 발삼 노트 모두 지속력이 길고 오래도록 맴도는 향이기 때문이다. 하지만 그래서 더 깊고 성숙한 인상을 남긴다. 마치 몸의 굴곡에 잘 맞춘 벨벳 드레스와 같은 향이다. '어른미'를 강조해야 하는 상황에서 앰버 향수를 추천하는 이유다. 특히 잔향에서 바닐라가 느껴질 때면 추운 겨울날 모닥불 옆 따뜻한 코코아를 떠올리게 한다. 코트와 목도리를 꺼내는 계절이 되면 자연스레 앰버 향수에 손이 간다. 이번 겨울, 추운 바람에 코끝을 데워 줄 향을 찾는다면 앰버 향수가 좋은 선택이 될 것이다.

- 추천 계절: 가을, 겨울.
- 추천 옷차림: 벨벳 소재, 화려한 실크, 볼드한 액세서리.
- 추천 상황·공간: 사랑하는 사람과 마주하는 순간, 화려한 조명의 재즈 바.

Woody: 힙스터들은 우디 향을 입어요

　향에도 유행이 있다. 20세기 초반은 알데하이드와 꽃향기가 합쳐진 파우더리한 향기에 열광했다면, 20세기 말이 되어서는 가볍고 상쾌한 향기가 유행 물살을 탔다. 그리고 바로 지금, 우리나라에서 가장 힙한 향을 꼽으라면 단연 우디 향이다. 세련된 패션 편집숍을 채우고 있을 것만 같은 깊고 성숙한 향. 그 어느 때보다도 화려한 인기를 맞이한 나무 냄새. 나무는 지구상에 인간이 등장하기 전부터 자리를 지키고 있던 터줏대감이다. 나무 냄새는 꽃이나 허브와 같이 아주 오래전 우리가 인식하기 전부터 자연 속에 존재하는 냄새였다. 그래서 자연스럽게 오랜 시간 동안 향기를 피우기 위한 용도로 활용되었다.

　그러나 향의 원료로 활용되었던 기간에 비해 의외로 묵직함과 부드러움 그리고 시원함이 공존하는 우디 향은 현대 향수 역사 속에서 항상 선호되는 향은 아니었다. 니치 향수 브랜드 르라보(Le Labo)에서 샌달우드 향을 메인 주제로 선보인 '상탈33'이 대중적 인기를 끌기 전 우디 향 향수는 호불호가 심하게 갈리는 종류였다. 기존 향수에서 맡을 수 있는 개운함이나 달콤함, 시원함 등이 상대적으로 약하게 느껴지는 계열이기 때문이다. 우디 향이 유행이라고 해도 여전히 강한 호불호를 가지는데, 향기를 인식하자마자 코에서 시향지를 멀리 떨어트리는 사람을 자주 볼 수 있다. 하지만 향도 패션의 일부로 받아들이며 개성을 표현하기 위해서는 익숙함보다 새로움을 찾아 헤매는 최근 트렌드에 딱 맞는 향이기 때문일까? 지금이 바로 우디 향수 전성기라고 할 수 있을 정도로 우디 향수 선호도가 높다.

'나무 향'이라는 이야기를 들으면 어떤 향이 상상되는가? 생생하고 상쾌한 향? 햇살의 뜨거움을 막아 주는 시원한 그늘 같은 향? 상상하는 나무가 이러한 느낌이라면 절대 시향 없이 우디 향 향수를 구매해서는 안 된다. 우디 향은 잘 가꾸어진 정원에 한 그루씩 서 있는 예쁜 나무 향이 아니다. 오히려 광활하고 다듬어지지 않은 대자연 속 생명력을 뿜어내며 자라는 우람한 나무에 가깝다. 세월을 가늠할 수 없는 굵은 나무 기둥이 불에 그을리며 나는 매캐한 냄새 혹은 흙에 묻혀 있던 뿌리가 드러나며 번지는 축축한 냄새. 또는 나무를 베어 낸 뒤 만든 목재 건축물과 가구의 건조한 향이다. '우디 향은 어렵다'라고 이야기하는 사람이 많은 이유다. '우디하다'는 싱그럽고 편안한 인상보다는 시간의 깊이와 규모가 연상되는 이미지다.

우디 향은 실제로 맡기 전과 후의 반응이 가장 다른 향이다. 수업 시작 전에 평소 우디 향을 좋아한다고 밝혔지만 시더우드, 베티버, 패출리와 같은 우디 노트 향료를 시향하고 나서는 당혹스러움을 표현하는 경우가 많다. 가장 많이 듣는 반응이 '이게 우디 맞나요?'다. 아마도 나무라는 이름에서 싱그럽고 푸릇한 이미지를 연상하기 때문이 아닐까 한다. 싱그럽고 푸릇한 이미지는 우디 노트보다 그린 노트에 가깝다. 여러모로 오해를 살 수 있는 향이기 때문에 조향 의뢰를 받을 때면 우디 향은 다른 계열보다 이해하는 시간을 길게 가지며 시장 반응이 극명하게 갈릴 수 있는 향이라고 꼭 설명을 덧붙인다.

하지만 우디 향은 한번 매력에 빠지면 헤어 나올 수 없는 깊은 울림을 주는 향이기도 하다. 일단 취향이라는 큰 벽을 넘기만 한다면 어떤 코디에도 센스 있게 어울리는 만능 향수가 된다. 가죽 재킷이나 트렌치코트처럼 도톰한 외투에 우디 향을 더해 주면 여름내 들떴던 무드를 지그시 눌러 주며 차분하게 표현할 수 있다. 청바지와 티셔츠처럼 얼핏 특별한 것 없는 데일리 아이템에 우디 향은 마치 흰 종이에 찍힌 점처럼 나를 은근하게 각인시키는 포인트가 된다. 진중함을 표현해야 하는 날에는 적당한 무게감을 보조해 주고 캐주얼하고 편한 차림에는 마냥 친근하지만은 않은 매력을 더해 준다. 하나쯤 갖추면 웬만한 상황에서 다 쓸 수 있는 그야말로 팔방미인이라 부를 만하다.

그렇다고 우디 향이 항상 무겁고 차분한 것은 아니다. 만약 르라보 '상탈33'의 포근하고 파우더리한 우디함이 답답하게 느껴진다면 에르메스의 '떼르 데르메스'(Terre d'Hermes) 시향을 추천한다. 프랑스어로 '대지'를 의미하는 '떼르'(Terre)처럼 자연의 조화를 표현한 떼르 데르메스는 향을 뿌린 직후에는 '우디 향수 맞나?'라고 생각할 정도로 시원하다. 향의 첫인상을 표현하는 탑 노트에서 자몽을 사용하여 상큼함으로 시작한 뒤 시간이 지나면서 시더우드의 건조한 나무껍질이 느껴진다. 떼르 데르메스의 백미는 바로 향수병이다. 정면에서 마주한 향수병은 투명한 네모 유리병에 이름만 적혀 있는 단순한 디자인이다. 만약 디자인이 심심하게 느껴진다면 병을 들어 바닥을 확인해 보자. 축축한 대지를 딛고 설 때 새겨진 발자국처럼 유리병에 자리 잡은 에르메스 상징, 주황색 H 알파벳을 발견할 수 있을 테니까.

때로는 따뜻하게 곁을 맴돌고 때로는 연기의 매캐함이 특별한, 가끔 버석하고 시큼한 변주를 꾀하는 우디의 매력은 활자만으로는 다 전해지지 않는다. 백문이 불여일견, 아니 백문이 불여일후(嗅)이니 우디 향이 궁금하다면 직접 시향해 보길 추천한다.

- 추천 계절: 여름, 가을.
- 추천 옷차림: 캐주얼 복장, 격식 있는 정장.
- 추천 상황·공간: 나의 존재감을 묵직하게 어필하고 싶은 순간.

Chypre: 세련미의 완성

달콤한 바람과 이색적인 향이 불어오는 따뜻한 섬에서 향에 대한 영감이 샘솟는 것은 조향사의 참을 수 없는 본능이다. 그런 의미에서 앞서 이야기했던 가장 오래된 향수 공장의 흔적을 품은 지중해의 아름다운 키프로스 섬은 조향 영감의 원천이 될 수밖에 없는 지역이다. 맑은 햇살과 함께 길을 걷기만 해도 짭짤한 바다 내음과 푸른 나무의 생생함 그리고 진한 꽃향기가 섞여 그 자체가 향수가 되는 곳. 키프로스 섬에서 살았다면 누구라도 향기를 기억하고 언어로 표현하는 능력을 갖추었을 것이다. 고대부터 고품질 명품 향료를 만들어서 활발하게 수출까지 했던 키프로스 섬은 12세기 십자군 원정대에 의해 유럽에서 널리 알려지기 시작했다. 이후 향 문화의 상징으로 자리매김하며 환상의 섬에서 영감 받은 키프로스(Cyprus) 혹은 프랑스식으로 발음한 '시프레'(Chypre)라는 이름의 향수들이 등장했을 정도다.

알코올에 희석한 액체 향수 꼴을 갖추기 전부터 시프레 향은 파우더 같은 가루 형태로 만들어 가발 등에 뿌리거나 불을 붙여 연기와 함께 향이 멀리 퍼져 나가도록 만들어 사용했다. 향이 자유롭게 퍼져 나갈 때면 마치 새가 날아가는 것 같아 '시프레 버드'(Chypre birds)라는 별명이 붙었는데, 겉모습도 새 모양으로 빚어 눈으로 한 번, 코로 한 번

더 즐겼다. 요즘으로 치면 오브제 디퓨저 역할을 한 것이다. 시프레는 키프로스 섬에서 고대부터 향 원료로 사용되던 오크모스(떡갈나무에 자라는 이끼)와 아이리스 등 식물성 원료와 머스크 등 동물성 원료를 모두 섞어 만들어졌다. 이렇게 만든 시프레는 무게감 있는 향이 되어 금방 휘발되지 않고 향을 착용한 사람 주위에 오랜 시간 계속 맴돌았다.

　시프레 향수는 현대 향수 발전에 큰 영향을 미쳤다. 특히 시프레 계열 향수는 20세기에 들어와 조향 혁신을 이룩한 합성 향료 등장과 함께 향수의 새로운 시대를 여는 주축이 된다. 합성 향료가 발명되기 이전에는 향수를 천연 향료로만 만들어야 했다. 자연에서 구할 수 있는 동식물로부터 추출한 천연 향료는 공급하는 지역과 회사가 제한적이라 높은 가격으로 거래되었다. 돈을 줘도 구하지 못하는 경우도 허다했고, 한 해의 기상 상태에 따라 식물 향이 달라져 버리는 변수까지 존재했다. 비가 너무 적게 오거나 많이 와도, 햇빛이 너무 강하거나 약해도 한 지역의 꽃이 다른 향을 풍기기 때문이다.

　연구가 지속될수록 계속 낮아지는 합성 향료 가격도 합성 향을 활용하게 하는 이유가 됐다. 이러한 화학계 발전과 함께 천연 원료로부터 향을 추출하는 기술 역시 진보했다. 조향에 사용할 수 있는 향료가 계속해서 증가하게 된 것이다. 재료가 풍성해지니 결과도 한층 다양해졌다. 과학과 기술의 발전을 등에 업고 새로운 향료들과 함께 '시프레'라고 불리는 여러 향이 만들어졌는데, 이것이 바로 키프로스 섬에서 시작한 정통 시프레와 구분되는 새로운 시프레의 등장이었다.

그 변화의 중심에는 1917년 시장에 소개된 조향사 프랑수와 꼬떼(François Coty)의 시프레가 있다. 향을 뿌리자마자 느껴지는 베르가못의 상큼함과 신선함을 지나 오크모스로 마무리되는 꼬떼의 시프레는 부유층이 아닌 일반 대중에게 폭발적인 반응을 이끌어 상업적 성공을 거둔 첫 향수였기에 더 의미 있다. 제1차 세계 대전 참전을 위해 남성들이 전쟁터로 떠난 뒤 전통적으로 남성의 역할이었던 경제 활동은 남아 있는 여성들의 몫이 되었다. 가정에서 사회로 나와 노동을 하며 거추장스러운 머리를 자르고 바지를 입기 시작한 여성들은 '새로운 여성성'에 맞춰 달콤하고 화려한 향수 대신 시프레를 선택했다. 전에 없던 새로운 향 조합은 시대적 흐름과 함께 시너지를 일으켜 향수계에 새로운 바람을 몰고 왔다.

시프레 계열 향수는 꼬떼의 시프레 이전과 이후로 나뉜다고 해도 과언이 아니다. 그전에도 시프레라는 이름을 사용하기는 했지만 밀려오는 파도를 막을 수 없는 것처럼 시장의 새로운 트렌드는 곧 '시프레'라는 새로운 향수 계열로 자리 잡는다. 신선한 향취의 밝고 쾌활한 탑 노트에서 이어지는 풍성한 꽃다발 같은 향 그리고 부드러우면서 깊이 있는 베이스 노트. 꼬띠의 시프레 성공 이후 많은 향수가 시트러스로 시작해 오크모스로 마무리되는 구조를 따라 했다.

시프레 향수는 역사 깊은 플로럴 향이나 우디 향처럼 구체적인 향을 묘사한 것이 아니기 때문에 시프레 향수의 핵심 요소는 무엇인가에 대해 많은 의견이 있었다. 누군가는 탑 노트의 가벼우면서 정신이 맑아지는 향을 필수라고 이야기하고, 다른 쪽에서는 베이스 노트의 무게감을 중요시한다. 그러나 공통적으로 공감하는 것은 시프레의 중심은 오크모스라는 것이다. 이 이끼스러움이 없는 시프레는 시프레가 아니다. 오크모스는 향이 더 오래 머물도록 잡아 주며 이끼의 푹신함이 연상되는 안락함을 준다. 이끼처럼 축축하고 아래로 가라앉지만 불순물 없이 깔끔한 향이 매력적인 오크모스 덕분에 시프레는 정장을 갖춰 입고 공식적인 자리에 서야 할 때 망설이지 않고 선택하는 향이 되었다.

그러나 안타깝게도 2012년을 기점으로 시프레 향수의 미래는 갈림길에 직면한다. 안전한 향료 사용을 위해 지속적으로 표준 규정을 제정하는 IFRA(International Fragrance Association, 국제향료협회)에서 알레르기 유발 인자를 포함한 오크모스 향료를 규제하기 시작했다. IFRA의

규정은 권고 사항이기에 강제성을 띠지는 않는다. 그러나 신뢰를 바탕으로 한 IFRA의 영향력은 곧 브랜드 운영 방침에도 크게 영향을 끼쳤고, 시프레를 사랑했던 사람들은 이제 진정한 시프레는 없다며 안타까워했다.

우리는 언제나 그렇듯 길이 막히면 다른 길을 찾아낸다. 천연 오크모스 향료를 빼거나 합성 향료로 대체한 시프레 향을 만들어 냈다. 세계 패션 브랜드 샤넬의 '31 뤼 깡봉'(31 Rue Cambon)은 오크모스가 없는 시프레 향수로, 새 시대를 그려 갈 모던 시프레의 대표 주자가 되었다. 차분하고 우아한 향으로 고급스럽고 세련된 도시의 가을이 연상되는 향. 지난 100년간 향수 산업의 기둥이었던 시프레가 오크모스 부재를 딛고 어떻게 변화할지 지켜보는 것도 향수를 사랑하는 사람에겐 또 다른 두근거림이 될 것이다.

- 추천 계절: 여름, 가을.
- 추천 옷차림: 비즈니스 캐주얼, 가죽 재킷, 청바지와 흰 티.
- 추천 상황·공간: 차분하게 생각을 정리하고 싶은 서재, 여유를 찾고 싶은 순간.

Leathery: 거칠지만 따뜻한 사람이 되고 싶을 때

프랑스 남쪽에 있는 그라스 지역은 세계 향수의 중심지다. 인구 5만 명 남짓의 크지 않은 도시는 오랜 시간 자리를 지키며 햇볕에 바랜 골목길이 얽히며 이국적이면서도 어딘가 긴장감을 자아낸다. 그라스 골목길을 보며 약간의 경계심을 느끼는 사람이라면 아마 파트리크 쥐스킨트의 소설 《향수》를 읽었을 가능성이 크다. 《향수》의 주인공 그르누이는 세상의 모든 향을 구분하고 기억할 수 있는 천재적인 감각을 타고났지만 그는 체취가 없었다. 체취가 없다는 이유로 어릴 적부터 꺼림칙한 존재 취급을 받던 그는 향기에 대해 비정상적인 집착을 보인다. 그리고 세상에서 가장 매혹적인 향수를 만들겠다는 삐뚤어진 목적으로 황홀한 체취를 지닌 여인들을 살해하고 여인이 품었던 향기를 끌어모아 자신의 컬렉션으로 만든다.

《향수》의 주인공 그루누이가 매혹적인 체취에 집착해 그 향기의 주인공을 따라가는 배경이 된 곳이 바로 남프랑스의 도시 그라스다. 소설 내용 때문에 어두운 인상을 받을 수도 있지만, 실제로는 따사로운 햇살과 이국적인 프로방스 지역의 정취를 느낄 수 있는 도시다. 또 시가지를 벗어나 너른 들판에 다다르면 도심과는 다른 광경이 펼쳐진다. 사방이 모두 꽃밭인 들판은 말 그대로 꽃의 향연이다. 특히 재스민 꽃이 활짝 피는 여름에는 끝없는 초록빛에 별빛처럼 내려앉은 듯한 모습에 취하고, 코끝을 맴도는 부드럽고 관능적인 향에 취한다. 재스민 꽃향기는 밤에 더 진해진다. 어둠과 함께 더욱 짙어지는 향에 취해 앉아 있다 보면 재스민이 왜 '향기의 여왕'이라는 별명이 붙었는지 알게 된다.

'모든 향수의 로마'라 불리는 그라스지만 12세기까지는 가죽 가공이 주 생산 수단인 공예 산업 도시였다. 가공되기 전의 가죽 냄새를 맡아 본 적 있는가? 가공 후의 가죽 냄새를 좋아하는 사람은 많다. 어딘가 서늘하면서도 따뜻함이 느껴지는 향은 가죽 제품 선호도에도 한몫한다. 사용할수록 시간의 흐름을 머금는 가죽 색감과 더불어 가죽 특유의 고급스러운 냄새는 많은 사람들이 가죽 제품을 사랑하는 이유 중 하나다. 그러나 우리가 알고 있는 가죽 제품 냄새와 달리 가공되기 전 가죽은 미처 제거되지 않은 오물이나 지방질 등이 붙어 있어 버티기 힘들 정도의 악취를 뿜는다고 한다. 도시 전체가 가죽 가공업에 집중하던 12세기의 그라스 공기는 얼마나 역했을까? 일터에서도, 집에서도, 일터와 집을 오가는 길에서도 피할 수 없는 악취가 온몸에 끈적끈적하게 달라붙는 기분이었을 것이다.

가죽 냄새를 가리기 위해 발달한 향수 산업인데 흥미롭게도 지금은 향수계에서 '가죽 향'을 만들어 낸다. 가죽 계열 향수라니 생소하게 느껴지는가? 우리가 일반적으로 향수에서 느낄 수 있는 꽃이나 나무, 과일 향과는 당연히 거리가 멀다. 하지만 생각보다 많은 브랜드에서 가죽을 주제로 한 향수를 출시하고 있다. 가장 대표적인 향수는 겔랑과 샤넬의 '뀌르 드 뤼시'(Cuir de Russie)다. 같은 이름인 두 향수는 '러시아의 가죽'이라는 뜻인데, 19세기 러시아 군인들이 가죽 군화를 방수 에센스로 닦을 때 가죽과 에센스가 만나 피어난 따뜻하면서도 매캐한 향에서 영감을 받았다고 한다.

재미있는 건 가죽 향은 가죽에서 추출한 향이 아니라는 것이다. 프랑스 그라스 지역에서 가죽 향을 덮으려고 향이 발달했듯이 가죽 자체에서는 특별한 향을 기대하기는 어렵다. 향수에서 표현하는 가죽은 오히려 가죽의 질감이나 색상, 가죽이 주는 느낌 등 조향사가 느낀 가죽 모습을 추상적으로 표현한 향에 가깝다. 가죽을 생각하면 떠오르는 고급스럽거나 거친 이미지, 보드라운 질감, 카페라테가 연상되는 갈색빛 등 개인적 영감을 바탕으로 가죽 향을 만들어 낸다.

그래서 똑같이 레더 노트라고 표현하더라도 조향사가 의도한 가죽 느낌이 어떠하냐에 따라 어떤 가죽 향은 짙은 갈색이 생각나기도 하고, 어떤 가죽 향은 따뜻한 밀 색이 떠오르기도 한다. 또 거칠게 마감

된 마초적인 가죽 향을 표현하기도 하고, 잘 다듬어진 매끈한 가죽이 떠오르는 향을 만들 수도 있다. 이렇게 자유롭고 다양한 가죽 향은 합성 향료 발전과 함께 더욱 자유롭게 표현되기 시작했다. 즉, 상상에만 존재하던 향도 얼마든지 구현해 낼 수 있게 되었다.

브랜드와 조향사에 따라 가죽 향은 천차만별로 표현되지만 향수 안에 가죽 향이 포함되면 일단 따뜻하고 부드러운 느낌이 든다. 특히 우디 노트의 버석하고 건조한 향취와 더해졌을 때 조합이 좋다. 가죽 재킷이나 부츠가 면이나 다른 소재에 비해 성숙하고 관능적인 분위기로 표현되는 것과 같이 가죽 계열 향수도 어른스럽고 차분한 느낌을 전달한다. 가죽 향에 따라 때로는 서늘하면서 메탈릭한 느낌을 주기도 한다. 그래서 드라이하고 거친 느낌의 가죽 향수는 '마초'를 표현하는 데 제격이다. 조금 거칠어지고 싶은 날, 많은 것에 얽매이지 않고 나의 굳은 심지대로 뻗대고 싶은 날 특별히 추천하는 향이다.

  - 추천 계절: 가을, 겨울.
  - 추천 옷차림: 개성을 드러낸 스타일, 믹스매치.
  - 추천 상황·공간: 평소보다 강한 이미지를 어필하고 싶은 날.

Fruity: 한 입 베어 물고 싶은 충동

중고등학교 여학생들 사이에서 복숭아 향이 유행이던 때가 있었다. 복숭아 향 핸드크림과 화장품, 탈취제, 방향제 등을 모두 사용하며 '인간 복숭아'가 되고 싶은 친구들이 꼭 반에 한 명씩 있었다. 그래서 지금도 복숭아 향을 맡으면 다시 교복 입던 시절로 돌아간 기분이든다. 친구 핸드크림을 나눠 바르며 새콤달콤한 향이 나는 손등을 한참 킁킁대기도 하고, 더 진짜 복숭아 같은 냄새를 발견하면 신나서 당장 친구들과 공유하던 그 시간이 자연스럽게 떠오른다.

오랫동안 이 기억은 지극히 개인적인 추억 조각이라고 생각했다. 그런데 신기하게도 이 기억을 말로 꺼내자 공감하는 사람이 많았다. 비슷한 시기에 10대, 20대를 보낸 사람들은 장소와 상황은 달라도 풋풋했던 그 순간만큼은 복숭아 향에 담아둔 것이다. 같은 기억을 공유하지 않았지만 향을 공유할 수 있다는 게 또 다른 울림이 되어 복숭아 향의 의미는 더욱 각별해졌다.

달콤하면서 약간의 풋내와 새콤한 과일 향을 표현한 프루티(Fruity) 노트는 오랫동안 향수의 조연이었다. 플로럴 향수만큼이나 오래된 역사를 자랑한다. 1919년 출시되어 찰리 채플린도 즐겨 뿌렸다고 하는 겔랑의 전설적인 향수 '미츠코'(Mitsouko)는 밝고 경쾌한 시트러스와 쌉쌀하고 차분한 오크모스 사이에서 언뜻언뜻 달콤하고 산뜻한 복숭아 향이 느껴지는 향수다. 100년도 더 전부터 복숭아뿐만 아니라 사과, 배 등의 프루티 노트는 향수 뉘앙스를 풍성하게 만들어 주는 역할로 종종 사용되었다. 하지만 당시 향수에서 프루티 노트는 어디까지나 보조 역할이었다.

아마 프루티 노트 개성이 생각보다 또렷해서 주인공으로 내세우면 지나치게 향이 단조로워지기 때문이 아닐까 생각한다. 달콤함이 느껴지는 향은 일정 부분 무게감이 있기 때문에 다른 향을 압도할 가능성이 크다. 향수는 층층이 쌓인 정교한 향 레이어가 공기 중에 한 겹씩 펼쳐지며 병 속에 담고자 했던 그림을 그리는 것이 중요한데, 존재감이 강한 프루티 향은 조화보다는 다른 향의 확산을 억누를 수 있다. 하지만 적절한 양을 첨가했을 때는 전반적인 향 느낌을 발랄하게 만들어 주는 매력이 있다. 특히 꽃향기와 조화가 좋아 플로럴 향수에 프루티함이 더해진 향수는 언제나 인기가 많다. 그리고 지금은 과일 향 위상이 조금씩 올라가 과일 향이 메인 주제인 향수도 쉽게 찾을 수 있다.

과일의 달콤한 향은 단 것이라면 사족을 못 쓰던 어린 시절로 우리를 데려간다. 그래서인지 과일 향을 좋아하지만 다 커버린 이제는 어울리지 않는다고 여겨 선뜻 향수로 사용하지 못하는 사람이 많다. 자칫 유치하거나, 미성숙한 이미지를 주거나 혹은 향이 평범하게 느껴지기 십상이기 때문이다. 그러나 아이는 결국 성장하여 어른이 된다. 이전의 프루티 향수가 발랄하고 통통 튀는 모습을 그려냈다면, 최근에는 더 다양한 과일 향을 해석하여 성숙하고 고급스러운 이미지로 풀어내는 프루티 향수도 있다. 영국 니치 향수 브랜드 조 말론의 '블랙베리 앤 베이'(Blackberry and Bay)는 첫 향기부터 싱그럽고 달콤한 베리의 향이 확 퍼진다. 그 뒤로 쌉싸름한 풀 향과 시원한 나무 향이 이어지면서 내 안에 잠들어 있던 어린 시절의 순수를 마주하게 된다. 아무 고민 없이 마음껏 뛰어다니며 여름 방학을 보내고 있는 그 시절의 나를 보고 있는 듯한 향이다.

프루티 향은 몸에 뿌리는 향수뿐만 아니라 공간을 채우는 향으로도 사랑받는다. 사과와 복숭아 향을 진하게 농축해 놓은 차량용 방향제는 운전대 잡는 순간을 설레게 만들고, 달콤한 과일을 농축해 놓은 향초는 요리가 끝난 주방에 제격이다. 그리고 오프라인 박람회 같은 고객의 피드백을 바로 수집할 수 있는 행사에서 알아낸 사실인데, 달콤한 프루티 향 선호도는 의외로 남성 소비자에게서 더 높게 나타났다. 향이 복잡하지 않고 직관적으로 기분을 끌어올리는 힘이 있기 때문이 아닐까 싶다.

우리는 화학의 발전 덕분에 코가 즐거운 시대에 살고 있다. 천연 향료로 구현할 수 없었던 세상의 냄새를 화학 힘을 빌려 상상하는 대로 향을 만들어 낼 수 있다. 덕분에 푸릇함이 남아 있는 싱그러운 사과의 달콤함도, 붉은색이 묻어 나올 것처럼 농익은 체리의 진한 달콤함도 작은 향수병 안에 담아 놓을 수 있게 되었다. 멜론 향을 품고 있는 향수에서는 청량한 여름 햇살의 투명함이 느껴진다. 재밌는 건 이전까지 과일 향이 다채롭지 못했던 한을 풀기라도 하듯 정말 다양한 과일이 향으로 만들어지고 있다. 리치, 파인애플, 바나나는 물론이고 수박과 키위, 자두처럼 식탁에서만 즐기던 과일이 이젠 화장대에서도 만나 볼 수 있다. 이러다가 과일 바구니 대신 과일 향수 바구니가 나올지도 모르겠다. 그렇다면 프루티 향을 사랑하는 한 명의 팬으로서 가장 먼저 나 자신에게 선물해야겠다.

- 추천 계절: 봄, 여름.
- 추천 옷차림: 발랄한 스니커즈, 알록달록한 색감과 패턴.
- 추천 상황·공간: 답답함에서 벗어나고 싶은 순간, 친구들과 함께하는 파티.

Citrus: 클래식은 영원하다

귤은 과일이다. 오렌지도 과일이다. 하지만 귤과 오렌지는 프루티가 아니다. 이게 대체 무슨 말일까? 레몬, 오렌지, 베르가못과 같은 감귤류 과일은 조향계에선 '시트러스'(Citrus)군으로 사과나 배, 망고 등 우리에게 익숙한 프루티 계열과 별도로 다룬다. 이름만 구분하는 것이 아니라 향을 사용하는 방법과 담당하는 역할도 다르다. 지금 내가 가장 좋아하는 과일 하나와 레몬 하나를 떠올려 보자. 그리고 둘의 차이에 집중해 보자. 혹시 왜 감귤류를 다른 과일과 구분하는지 이유가 짐작되는가? 감귤류 과일은 다른 과일보다 산미가 도드라지고 톡 쏘는 자극과 함께 신선함이 느껴진다. 상큼한 향을 맡는 순간 내가 지금 어디에 있든 기분이 환기된다. 아주 짧은 순간에 생생한 인상을 남기기 때문에 시트러스 향은 일반적으로 향수에서 첫인상을 담당하는 탑 노트에 주로 사용된다.

한창 커피를 공부하던 시기에 이 차이를 처음 배웠다. 커피의 아로마를 구분하고 판단하는 것은 바리스타에게 요구되는 능력 중 하나이기에 교육 과정 중 다양한 식재료를 직접 먹어 보고 향기를 표현하는 시간이 있었다. 그때 처음으로 일반 과일과 감귤류 과일의 차이를 인지했다. 체리, 배, 사과 그리고 라임, 레몬, 오렌지를 맛보며 이제껏 알지 못했던 세계의 문을 열게 되었다. 사실 이런 차이를 알지 못해도 일상에는 전혀 지장이 없다. 하지만 그 순간을 기점으로 미각과 후각은 타고나는 것보단 훈련으로 발달시키는 영역이라는 인식이 깊게 박혔고, 어쩌면 이후 나도 향을 공부할 수 있다는 자신감의 근원이 되지 않았나 생각한다.

향수에서 사용되는 시트러스 향은 껍질 냄새에 가깝다. 과즙을 표현한 조향 베이스도 많이 있지만, 그 경우는 조금 더 달콤함이 도드라진다. 시트러스 과일 껍질은 식탁 위에서는 버려지는 음식 쓰레기일 뿐이지만 조향계에서는 아주 중요한 재료가 된다. 두꺼운 오렌지 껍질을 까는 순간 무언가 팟 터지면서 향이 퍼졌던 적이 없는가? 싱그러움을 떠올리면 머릿속에 클리셰처럼 그려지는 그 장면이 바로 시트러스 향의 핵심이다. 감귤류 과일 껍질에는 기름을 담고 있는 주머니가 있는데, 바로 그 기름 주머니가 터지면서 안에 있던 에센셜 오일이 튀어 오르는 것이다. 껍질 기름 주머니 안에 톡 터지는 향이 들어 있다는 점이 다른 과일과 감귤류 과일의 또 다른 차이점이다.

인간이 시트러스 향을 좋아하는 것은 본능일까? 새콤한 향을 맡으면 주변이 환해지는 것 같은 착각이 든다. 시트러스 향기는 기운을 북돋아 주고 내 안의 에너지를 끌어올린다. 몸도 마음도 피로에 쩌들어

구겨져 있다가도 한순간에 펴지는 기분이다. 시트러스 향이 주는 신선함은 깨끗한 이미지를 떠올리게 해 주방 세제나 청소 용품 등에 단골로 사용된다. 그래서 처음 시트러스 향료를 맡으면 주방 세제 혹은 살충제를 연상하는 사람이 있다. 시트러스 향을 좋아한다는 말에 부푼 마음으로 소개했다가 '살충제 냄새가 난다'라는 피드백을 들으면 약간 속상할 때도 있지만, 그만큼 시트러스 향이 다양한 곳에서 선호된다는 뜻이라고 생각한다. 최초의 향수인 '헝가리 워터'와 나폴레옹이 사랑한 '쾰른의 물'에서도 시트러스는 향을 이루는 중요한 역할을 맡았다.

새콤하다고 부르는 향은 한 가지가 아니다. 새콤한 향에도 종류가 있다. 레몬의 깨끗하고 날카로운 새콤함과 자몽의 쌉싸름한 새콤함 그리고 오렌지의 달콤한 새콤함은 모두 다르다. 라임의 새콤함에선 녹색의 풋내가 느껴진다. 하지만 이 모든 새콤함은 공통적으로 반짝반짝하고 투명한 느낌이 있다. 마치 햇살 아래 부서지는 물보라 같은 이미지처럼 말이다. 그래서 유럽 지역에서는 시트러스 향이 여름의 상징이라고 한다.

혹시 시트러스 향은 좋아하지만 지속력이 약하고 너무 가볍게 느껴져서 아쉬웠다면 아틀리에 코롱(Atelier Cologne)의 '클레망틴 캘리포니아'(Clementine California)를 시향해 보자. 아틀리에 코롱은 자연으로부터 받은 영감을 향으로 풀어내는 향수 브랜드로 클레망틴 캘리포니아는 맑고 신선한 오렌지와 진중한 베티버의 조화가 매력적인 세련된 상큼함을 장착한 향수다. 보통 시트러스 향수는 특유의 밝음과 상쾌함으로 여름에 찾는 사람이 많다. 하지만 클레망틴 캘리포니아는 추운 겨울 찬바람이 지긋지긋할 때 한 번씩 뿌려 그리운 여름 햇살을 품에 안아 볼 수 있는 향이다.

큰 호불호 없이 많은 사람의 사랑을 받는 시트러스 향수의 유일한 단점은 짧은 지속력이다. 시트러스 향 특성 자체가 '가벼움'인 만큼 열에 민감하여 변질되기도 쉽고 또 금세 휘발된다. 이 때문에 시트러스 향의 비율이 높은 향수는 뿌린 뒤 얼마 지나지 않았는데도 향이 거의 느껴지지 않는다. 하지만 그래서 더 요긴하게 사용할 수 있는 향이기도 하다. 번거로움을 무릅쓰고 가방 안에 꼭 넣게 되는 매력이 있다. 지루한 업무 시간이나 고민으로 머리가 터질 것 같을 때 시트러스 향수를 뿌려 보자. 지속력이 아쉬워서 들고 다닌 향수 덕분에 기분 전환이 되는 기쁨을 느낄 수 있다. 그리고 이제는 다시 향을 뿌릴 그 순간을 기다리게 될 것이다.

- 추천 계절: 여름, 겨울.

- 추천 옷차림: 반팔 셔츠, 편안한 캐주얼 차림.

- 추천 상황·공간: 에너지가 필요한 사무실, 욕실과 다이닝룸.

Fougère: 세상에 존재하지 않는 향

    이제 막 후각의 세계를 넓혀 가던 귀여운 향수 초보 시절 처음으로 푸제르(Fougère)라는 단어를 듣게 되었다. 푸제르, 추측조차 할 수 없는 생소한 발음에 무슨 뜻인가 검색해 봤더니 푸른 고사리 이파리를 뜻하는 '양치류 식물'(Fern)이라는 것을 알게 됐다. 고사리 향이 무엇일지, 허브와 비슷한 것인지, 밥상에서 마주친 고사리는 푸르지도 않고 향긋하지도 않은데 푸른 고사리는 어디서 만날 수 있을지 고민에 빠졌다. 사실은 애초에 답을 찾을 수 없는 문제였다. 푸제르는 세상에 존재하는 냄새를 재현한 향수가 아니기 때문이다.

    생소하고 새로운 향수 계열인 푸제르는 1882년 출시된 우비강(Houbigant)의 '푸제르 로얄'(Fougère Royale)로부터 탄생한 카테고리다. 푸제르는 플로럴이나 시트러스처럼 긴 역사를 가진 향 계열은 아니지만 가장 단기간에 큰 영향력을 구축한 향이다. 푸제르를 창시한 우비강은 1755년에 처음 세워진 뒤 오래도록 유럽 왕실이 사랑한 퍼퓸 하우스다. 얼마나 큰 사랑을 받았냐면 프랑스의 마리 앙트와네트 왕비가 단두대에서 최후를 맞이하기 직전 불안한 마음을 달래기 위해 생애 마지막 순간까지 우비강 향기와 함께했다는 전설 같은 이야기가 전해진다. 아무리 유서 깊은 향수 브랜드라고 하더라도 어떻게 하나의 향수가 산업 전반에 영향을 끼치는 새로운 기둥을 세울 수 있었을까?

'푸제르 로얄'의 상징성은 여기에서 시작된다. 푸제르 로얄은 바야흐로 모던 향수의 첫 시작을 알리는 향수다. 합성 향료를 본격적으로 사용하며 이전에는 불가능했던 추상적 관념과 상상을 향기로 풀어낸 시발점이다. 식물에서 추출하지 않고 화학 반응으로 향 화합물을 만드는, 즉 자연이 아닌 실험실에서 만들어진 합성 향료 중 처음으로 고급 향수에 사용된 향료는 바로 쿠마린이다. 쿠마린은 건초에서 느껴지는 향긋함을 표현한 향으로 우비강은 쿠마린을 사용해 푸제르 로얄을 만듦으로써 합성 향료가 사용된 최초의 향수를 만들었다.

고사리는 향이 없다. 당연히 고사리 냄새를 아는 사람도 없다. 푸제르는 그 아무도 맡아 보지 못했던 향을 상상으로 풀어낸 향수 계열이다. 특정한 향을 구현하는 것이 목표가 아니기 때문에 일종의 공식이 정립되지 않았다면 푸제르는 그저 한 향수를 지칭하는 단어였을 뿐 조향계의 주요 카테고리가 될 수 없었을 것이다. 다행히 푸제르 로얄의 성공을 따라 하고 싶은 후발주자들이 향 구조를 모방하면서 공식이 세워졌다. 바로 라벤더와 제라늄, 쿠마린의 조합이 푸제르를 지탱하는 뼈대다.

이 공식은 날카롭고 신선한 향으로 시작해 시원하고 세련된 그린을 지나 무게감 있는 잔향으로 마무리된다. 그 사이사이에는 다채로운 향이 들어가 시간이 지남에 따라 향의 다양한 변주를 즐길 수 있다. 상큼한 시트러스 노트의 비율을 높여 활력이 넘치고 자신만만한 젊은 사업가 같은 시트러스 푸제르를 만들 수도 있고, 무게감 있는 향을 더욱 강조해 슈트를 갖춰 입은 연륜 있는 신사 모습을 표현할 수도 있다.

만약 당신이 처음으로 푸제르 향수를 시향한다면 낯선 향수에서 익숙한 아버지의 모습이 그려질지도 모른다. 혹은 어릴 적 대중목욕탕에 비치되어 있던 남성용 스킨이 떠오를 수도 있다. 푸제르 향이 대표적인 남성용 화장품 향에 주로 사용되었기 때문이다. 푸제르 향수가 푸제르 로얄이 출시될 때부터 남성용 향이었던 것은 아니다. 면도용 크림 등 남성 용품에 푸제르 향이 첨가되기 시작하면서 푸제르 향은 남성용 향의 대명사가 되었다. 마치 민트 하면 치약 향이 떠오르는 것처럼 말이다.

대표적인 '아저씨' 냄새로 받아들여질 수 있지만, 푸제르 향은 향의 역사가 깊고 클래식한 만큼 진중함과 신뢰감을 주는 이미지 연출에 제격이다. 본래 향에는 성별 구분이 없다. 남성에게 주로 추천한다고 해서 꼭 남성만 쓰라는 법이 있는가? 푸제르 향은 마음가짐과 태도를 냉철하게 하고 세련된 분위기를 만들어 준다. 그렇기 때문에 비즈니스 자리에서 카리스마 있는 이미지를 표현하고 싶을 때 성별 관계없이 추천하는 향이기도 하다. 맡아 보고 내 코가 좋아한다면 그리고 나에게 도움이 된다면 사회에 고착된 이미지는 살짝 무시해 보자. 세상의 향은 어떻게 규정되었든 관계없이 적극적으로 손을 뻗는 자의 것이 되어야 한다.

- 추천 계절: 여름, 가을.
- 추천 옷차림: 정장, 셔츠와 슬랙스 차림.
- 추천 상황·공간: 미팅 자리, 고요하고 진중한 전시실.

Gourmand: 먹지 마세요 코에 양보하세요

차가운 바람을 뚫고 걸으며 서둘러 발걸음을 재촉하는 겨울. 이 추위마저 이겨 내게 만드는 유혹의 냄새가 있다. 지하철 가판대에 갓 구워진 델리만쥬 냄새를 거부할 수 있는가? 달콤하고 진득한 군고구마 냄새에 홀려 편의점에 들어간 적이 있는가? 굳이 입으로 맛보지 않더라도 맛있는 냄새는 인간의 본능을 자극한다. 특히 달콤하고 고소한 향은 어떤 냄새보다 자극적이며 뇌리에 깊게 각인된다. 상상하고 맡을 수 있는 모든 향을 탐구하는 조향계가 이런 '맛있는 냄새'의 매력을 놓칠 리 없다. 그렇게 1990년대 향수계의 새로운 물결 '구어망드'(Gourmand)가 등장한다.

구어망드는 프랑스어로 '미식가'라는 뜻이다. 평소 맛집 탐방을 좋아한다면 미식의 기준을 제안하는 미쉐린 가이드(Michelin Guide)에서 '빕 그루망'(Bib Gourmand)이라는 단어를 본 적이 있을 것이다. 이름에서 알 수 있듯이 음식에서 온, 음식과 관련된 향이 바로 구어망드다. 구어망드 향수는 세상에 존재하는 셀 수 없이 많은 음식 종류 그중에서도 초콜릿이나 캐러멜처럼 달콤한 디저트를 주로 표현한다.

조향계의 막내로 샛별같이 등장한 구어망드 붐을 일으킨 향수는 바로 1992년에 탄생한 티에리 뮈글러(Thierry Mugler)의 '엔젤'(Angel)이다. 시리도록 투명한 푸른빛의 병에 담긴 향수 엔젤은 보틀만 보면 맑고 반짝이는 향이 날 것 같다. 하지만 사실은 진득하게 달달한 캐러멜과 차분하고 서늘한 패츌리가 섞인, 시선을 돌릴 수 없는 유혹적인 향이다. 달콤한 냄새가 나면 어리고 여린 이미지에 어울린다고 생각할 수 있으나 엔젤은 오히려 착용한 사람에게 매혹적이고 관능적인 이미지를 만들어 준다. 전에 없던 새로운 해석의 향, 성숙하고 고급스러운 분위기, 소장하고 싶은 별 모양의 향수병 등 스타 요소를 모두 갖춘 엔젤은 꿈을 이루는 길을 밝혀 주는 푸른 별처럼 구어망드 향수가 나아가야 할 길을 열었다.

모든 구어망드 향수가 정신이 번쩍 드는 디저트처럼 달콤한 냄새만을 가진 것은 아니다. 설탕이나 캐러멜처럼 달다 못해 진득함이 느껴지는 향, 다크 초콜릿처럼 씁쓸한 달콤함이 느껴지는 향, 크림이나 견과류의 고소하면서도 달달한 향 또한 구어망드 노트에 속한다. 단 향은 대체로 무겁게 가라앉고 지속력이 길기 때문에 햇살이 내리쬐는 따뜻한 계절보다는 뾰족한 바람이 불어오는 찬 계절에 더 생각난다. 추운 스키장에서 김이 모락모락 나는 따뜻한 코코아 한 잔을 마실 때 느끼는 행복처럼 구어망드 향수는 사랑스럽고 다정한 기억을 마구 저장하는 향이다. 지치고 불안한 하루에 구어망드 향수를 뿌리면 저 깊숙한 곳에 저장되어 있던 천진함이 피어올라 나도 모르는 새 미소가 새어 나온다.

만약 '살아 있는 마카롱'이 되는 느낌이 부담스럽다면 시원하고 묵직한 우디 향과 조합해 달콤함을 중화시켜도 좋다. 또 시나몬 같은 스파이시 향을 살짝 집어넣어 단조로움을 깨는 방법도 있다. 설탕, 초콜릿, 우유, 크림 등이 이제까지 쉽게 떠올릴 수 있는 구어망드 향이었다면 앞으로는 술이나 커피, 차 등 음료의 향을 담은 향수도 더욱 자주 만나게 될 것이다. 터키의 니치 향수 브랜드 니샤네(Nishane)의 '우롱차'(Wulong Tea)나 깨끗한 디자인이 인상적인 일본의 시로(Shiro)에서 출시된 '얼그레이'(Earl Grey) 등 음료 향이 점점 인기가 많아지고 있다. 특히 약간의 쌉쌀함을 구현해 낸 차의 향이 선호도가 높다.

겨우 30여 년 전, 첫 시그니처 향수가 탄생한 구어망드는 이제 막 발전하기 시작해 앞으로 어떻게 변화할지 그리고 조향과 향수에 어떤 영향을 끼칠지는 아직 아무도 알 수 없다. 2013년 글로벌 피자 브랜드 '피자헛'에서는 밸런타인데이를 맞이해 한정판 '피자향' 향수를 제작했다. 뜨끈한 도우 냄새와 피자 하면 떠오르는 토마토소스와 치즈 향을 블렌딩한 이 한정판 향수는 갓 구운 피자 향을 그대로 구현해 냈다. 어쩌면 가까운 미래에는 숯불 구이 향 향수, 마라탕 향 향수가 인기를 언게 되지 않을까? 어릴 적 고깃집에서 외식하면 옷에 밴 고기 냄새가 좋아 향수가 필요 없다는 농담을 던진 적은 있지만, 이것이 현실이 될지도 모른다는 즐겁고도 오싹한 상상을 해 본다.

매년 밸런타인데이가 다가오면 사랑의 선물을 핑계 삼아 향의 세계도 유영하고, 특별한 데이트 코스도 완성할 수 있는 초콜릿 향수 클래스 문의가 증가한다. 평소 디저트가 세상을 구한다고 믿는 '달다구리 러버'라면 한 번쯤 구어망드 향수에 도전해 보는 것은 어떨까? 입뿐만 아니라 코로도 즐기는 색다른 매력에 빠져 구어망드 향수를 깊게 탐닉하게 될지도 모른다.

- 추천 계절: 가을, 겨울.
- 추천 옷차림: 폭닥한 목도리, 두꺼운 스웨터.
- 추천 상황 · 공간: 편안한 사람들과 함께하는 시간, 찬 공기를 막아 주는 아늑한 곳.

Aromatic: 나만의 작은 허브 정원

만약 당신이 최초로 향을 발견한 인류라면 그 향을 어떻게 사용했을까? 이유는 알 수 없지만 괜히 한 번 더 킁킁거리게 만드는 그 풀을 뜯어서 몸에도 붙여 보고, 짓이겨 즙으로도 발라 보고, 심지어 먹어 보기까지 했을 수도 있다. 그리고 곧 특별한 향을 가진 식물을 때로는 생존을 위해, 때로는 신에게 바치는 신성한 용도로 사용하지 않았을까? 고대 라틴어로 '헤르바'(herba)라는 식물은 색다른 풍미와 향을 가진 풀이다. 이 헤르바를 오늘날 우리는 요리에 사용하거나 의약품 재료로 활용한다. 물론 향수로도 만든다. 헤르바, 즉 허브는 인류의 미각과 후각을 모두 사로잡아 고대부터 지금까지 큰 사랑을 받고 있다.

'아로마틱'(Aromatic)이라는 단어를 보고 머릿속에 떠오른 느낌을 공유하는 시간을 가져보면 사람들의 평소 관심사가 보인다. 커피 없이는 하루도 살 수 없는 카페인 중독자라면 커피의 아로마를 바로 언급했을 것이다. 와인 애호가는 어제 마신 와인 향이 코끝을 스치는 기분이지 않을까? 혹은 지난 휴가지에서 받았던 마사지가 그리워지는 단어일 수도 있다. 아로마는 '향기'를 일컫는 단어이기 때문에 커피나 와인처럼 향을 즐길 때 혹은 스파나 마사지 숍처럼 향을 이용하는 공간에서 자주 마주치게 된다. 그럼 향이 좋은 향수 모두를 통칭해 아로마틱하다고 하는 것일까? 아니다. 꽃향기를 '플로럴'하다고 표현하고, 나무 냄새를 '우디'하다고 정리하는 것처럼 신선한 허브 향을 함축하는 것만이 '아로마틱'하다는 표현이다.

요리에서 사랑받는 향신료가 향수 원료로 사용되는 사례는 흔하다. 허브는 가히 인류 최초의 향료라고 말할 수 있다. 향의 역사가 기록되기 시작한 순간부터 허브는 빠지지 않고 등장한다. 고대 이집트에서는 허브 향을 첨가한 연고로 신상을 닦아 냈고, 고대 그리스는 마조람과 오레가노와 같은 허브로 향을 만들었다. 연금술사가 알코올을 발명하고 지금처럼 뿌리는 스프레이 형태의 향수가 등장할 때도 로즈메리, 타임, 라벤더 같은 허브는 항상 그 자리에 존재했다. 고대부터 현대까지 아로마틱 향료는 셀 수 없이 많은 향 조합에 활용되었고 그래서 안타깝게도 향수에서 아로마틱 한 인상을 받는 것을 특별하게 생각하지 않게 되었다. 장미에선 꽃향기가 나고, 꿀에서는 달콤한 향이 느껴지는 것처럼 향수에서 아로마틱 한 향이 나는 것이 너무 당연한 일이 되었다.

익숙함 때문에 특별함을 잃은 아로마틱 향수가 제2의 전성기를 맞이하게 된 계기가 바로 앞서 설명했던 푸제르 향수의 등장이다. 실제로 자연에서 라벤더 향을 맡아 보면 달콤하고 부드러운 꽃향기보다는 시원하고 신선한 허브 향이 느껴진다. 그래서 조향할 때 라벤더는 허브로 분류되는데, 푸제르 향수는 라벤더가 주요 요소이기 때문에 아로마틱 향수(아로마틱 푸제르 계열)로 분류하기도 했다. 이후 푸제르 향수 인기가 높아지고 상상의 향을 표현하게 되자 그 의미와 상징성을 고려해 아로마틱 계열에서 독립하게 된다. 훌륭하게 자립한 푸제르는 지금은 아로마틱보다 더 널리 받아들여지고 있다.

자연의 허브를 마주하지 못하는 도시에서 살아가는 사람들에게 1순위로 아로마틱 향수를 추천하고 싶다. 향기로 몸과 마음을 치유하는 요법인 아로마 테라피에 사용되는 에센셜 오일은 허브에서 추출한 향이 가장 많다. 이것만 보아도 아로마틱 향이 마음을 안정시키고 복잡한 감정을 산뜻하게 환기한다는 것을 알 수 있다. 특히 향을 써 보고는 싶지만 인공적인 향에 거부감이 들거나 답답한 향을 싫어한다면 분명 아로마틱 향이 마음에 들 것이다. 아로마틱 향기야말로 바쁜 현대 사회를 살아가는 우리에게 내면에 묻어 둔 자연에 대한 갈망을 채워 주는 향이라고 생각한다.

좋아하는 향기를 맡는 단순한 행동만으로도 우리는 기분이 좋아지고 스트레스 레벨이 낮아진다고 한다. 우리의 일상은 종종 향기롭지 못한 일 투성이지만 여기까지 읽은 당신은 이제 좋아하는 향을 찾으러 갈 수 있지 않은가? 몰랐던 취향의 이름을 알게 되는 건 항상 즐거운 일이다. 설사 아직 딱 맞는 향을 찾지 못했더라도 여기가 탐구의 시작점이 되길 바란다. 세상이 당신을 괴롭힐 때 언제든 손만 뻗으면 닿을 수 있는 거리에 향기가 있었으면 좋겠다.

- 추천 계절: 여름, 가을.
- 추천 옷차림: 나를 억압하지 않는 편안한 차림.
- 추천 상황 · 공간: 집중이 필요한 공부방, 명상을 즐기는 순간.

TIP. 프래그런스 브랜드 창업하고 생존하기

창업 초기에 가장 흔히 하는 실수 중 하나는 향에 지나치게 집착한다는 점이다. 향 브랜드를 운영하면서 향에 집착하는 것이 가장 큰 실수라고? 얼핏 생각하면 모순적인 표현일 수 있다. 그러나 비즈니스적 관점에서 본다면 아주 기초적인 단계의 깨달음이다. 창업한다는 것은 연구원이 아니라 사업가를 꿈꾸는 것이기 때문에 생각의 관점을 달리해야 한다.

가장 중요한 건 향?

프래그런스 브랜드를 만들겠다는 목표를 세운 뒤 아무래도 가장 신경을 많이 쓴 부분은 '어떤 향을 선보일 것인가?'에 대한 답일 것이다. 나도 마찬가지로 처음 출시될 4종의 향을 결정하기까지 6개월 이상의 시간을 고민했다. 고가의 니치 향수만을 모아 놓은 편집숍, 백화점 향수 코너는 물론이고, 다이소와 같이 저렴하고 접근성이 좋은 생활용품점에서도 향 제품이란 제품은 모두 다 둘러보며 시간만 있으면 시장 조사를 했다.

전문적으로 조향을 공부하고 연구하는 사람 중에서 1인 브랜드로 제품을 론칭한 뒤 이상과 현실이 다르다고 생각하는 부분이 바로 여기라고 한다. 개성 있고 완성도 있는 향을 창조하는 데는 자신 있었지만, 그다음은 생각대로 흘러가지 않는다. 대중의 반응이 미지근해서 원하는 성과를 내지 못하는 경우도 다반사이고, 내 브랜드만의 무기라고 생각했던 부분은 금세 흐려진다. 들이는 노동력과 노력에 비해 성과가 만족스럽지 않다. 이러한 과정이 몇 차례 반복되면 처음 포부와는 달리 소소한 규모에 만족하거나 브랜드 정리를 고민하게 된다.

결국 아이템이 향일 뿐 비즈니스의 본질은 다르지 않다. 시장이 원하는 가치를 제공해야 한다. 그렇다면 시장이 원하는 가치란 무엇인가?

· 새롭고 독특한 것
· 기존의 문제를 해결하는 것
· 나에게 필요한 것

이 세 가지를 모두 충족한다면 더할 나위 없겠지만, 적어도 한 개 이상은 갖추어야 한다. 내가 만들고 싶은 제품과 시장이 원하는 제품은 다를 수 있다. 아니, 다른 경우가 아주 많다. 가끔 컨설팅을 진행하다 보면 '저희 제품 정말 좋은데 왜 매출이 저조할까요'라는 질문을 받는다. 그러면 나는 바로 반문한다. '왜 이 제품을 사야 할까요?'

후각은 아주 주관적인 영역이기 때문에 특별히 문제가 있는 악취가 아니라면 내 향을 좋다고 생각해 줄 사람은 무조건 존재한다. 누구나 홀린 듯이 구매할 수밖에 없는 '세상에서 가장 좋은 향'은 애초에 불가능하다. 모두의 취향을 맞출 수 없기 때문이다. 프래그런스 브랜드의 향이 좋은 건 식당에서 음식이 맛있는 것, 딱 그 정도의 장점이다. 음식이 맛있는 것은 기본 요소이자 분명한 장점이다. 그러나 그것만으로 식당이 대박 나지는 않는다.

당신의 브랜드는 무기를 갖추었는가?

차별화가 핵심이다. 차별화를 위해선 뾰족한 콘셉트가 필요하다. 향은 다른 제품들과 달리 마케팅도 쉽지 않다. 온라인 쇼핑이 활성화된 요즘, 사람들은 직접 보지 않고도 물건을 구매하는 것에 익숙하다. 하지만 향은? 만약 내 브랜드의 최고 무기가 향이라면 온라인에서는 아주 큰 어려움을 겪을 수밖에 없다. 실제 마케팅 전문가와 키워드 분석도 진행해 보고 광고 효율 개선을 위한 노력도 시도해 봤다. 결론적으로는 브랜드 파워가 없는 소규모 브랜드의 경우 온라인 마케팅으로는 한계가 있다고 판단했다.

콘셉트가 분명하고 차별화 포인트를 갖추었다면 마케팅 고민도 상당수 해결된다. 소비자의 가려운 곳을 긁어 주는 제품이 있는데, 잘 정리해서 내놓기만 해도 반응이 있지 않겠는가? 또 현재 나의 브랜드에 적합한 규모를 판단하고, 현실적으로 실현가능한 요소들을 충실하게 채우는 작업도 선행해야 한다. 말이 쉽지 1인 브랜드가 마케팅, 브랜딩, 가치 부여, 유통 전략 등을 다 어떻게 챙기냐고? 할 수 있다. 쉽지는 않지만 불가능한 일은 아니다. 이때 적절한 도움을 받는 것은 필수이다. 프래그런스 브랜드 창업을 고민하고 있다면 이 글을 읽고 꼭 미리 준비해서 내가 겪은 것과 같은 시행착오를 겪지 않길 바란다.

어느 정도 향과 친해졌다면 이제는 실전이다. 향기는 깊게 들이마시는 것 자체로 정신적 스트레스를 완화하고 좋은 감정을 불러온다. 이 좋은 향수를 언제나 동일한 농도로 맡고 싶은데 왜 향수마다 지속되는 시간이 다를까? 같은 향수를 착용해도 사람마다, 계절마다, 시간마다 다르게 느껴지는 이유는 무엇일까? 내가 좋아하는 향을 다른 사람도 좋아할까? 알면 알수록 복잡하고 섬세한 향수 세계이지만 이번 장의 내용만 읽어도 충분히 전략적으로 접근할 수 있다. 나에게 필요한 향을 결정했다면 내 손에 들어온 향수를 어떻게 더 효율적으로 활용할 수 있을지 알아보자.

제 4 장

슬기로운 향기 생활

오래가는 향수를 찾으시나요?

오늘날 세계 향수 시장에서 가장 큰 영향력을 가진 나라는 프랑스다. 전 세계 향수 시장의 약 27%[4]가 프랑스산일 정도로 프랑스 빼놓고는 향수에 대해 이야기할 수 없다. 그러다 보니 향수 용어 중에는 프랑스어를 그대로 사용하는 표현이 많은데, 이게 또 향수를 어렵게 만드는 하나의 장애물이 되기도 한다. 요즘 향수 하나쯤은 필수라는 말을 듣고 가볍게 둘러볼까 하다가도 금세 난관에 부딪친다. 오 드 코롱은 무엇이고, 오 드 뚜왈렛, 오 드 퍼퓸은 또 무엇일까? 영어도 아니고 한국어는 더더욱 아닌 암호 같은 단어는 과연 어떤 의미인지 알아보자.

오랜 탐색과 고민을 거쳐 드디어 나에게 맞는 향을 발견했다면 외출 전 한 번 뿌린 향이 오래도록 나에게서 느껴지기를 바라게 된다. 이왕이면 이 아름다운 향기를 내 주위 사람들도 맡았으면 좋겠다. 향기까지가 오늘 내가 준비한 모습의 일부이니까. 그래서 사람들은 지속력이 좋은 향수를 찾는다. 그런데 어떤 향수는 뿌린 뒤 한참 지나도 문득문득 향을 느낄 수 있는데, 어떤 향수는 집을 나서는 순간 이미 희미해져 향수를 뿌린 건지 의문이 들기도 한다. 내 코가 그 향에 익

4. https://www.trademap.org/Country_SelProduct.aspx?nvpm=%7c%7c%7c%7c%7c%7cTOTAL%7c%7c%7c%7c2%7c1%7c1%7c2%7c1%7c%7c2%7c1%7c%7c1

숙해져서 못 느끼는 것일 뿐일까? 이 이해를 도와줄 수 있는 개념이 바로 향수의 부향률이다.

부향률은 쉽게 말하자면 향수 속 향료의 농도다. 현재 가장 많이 사용되는 스프레이 타입 향수는 대부분 알코올 용액에 향료를 희석해서 만들어지는데 희석하는 향료 농도가 진할수록, 즉 알코올 용액에 더 많은 양의 향료가 포함될수록 '부향률이 높다'고 표현한다. 반대로 향료 농도가 옅으면 부향률이 낮은 향수다. 우리가 사용하는 대부분의 향수는 크게 세 단계 부향률로 구분한다.

오 드 코롱(EDC, Eau de Cologne): 오 드 코롱은 전체 용량 중 향료가 2~3% 포함된 가벼운 향수다. 보통 1~2시간의 지속력을 가지며 향료 농도가 짙지 않아 강한 향을 선호하지 않는 사람도 부담 없이 뿌릴 수 있다. 다만 그만큼 향이 날아가는 속도도 빠르다. 만약 신선한 느낌을 주는 향수를 찾고 있다면 오 드 코롱 향수를 우선 테스트해 보는 것이 좋다.

오 드 뚜왈렛(EDT, Eau de Toilette): 4~8%의 부향률을 가지고 있으며 약 3~4시간 동안 지속된다. 가장 대중적인 부향률이며 일상에서 사용하기에 무난하다. 프랑스어로 Eau는 '물', Toilette은 '화장실'을 뜻하는 말로 이를 합친 Eau de Toilette은 '화장수'를 의미한다. 오 드 코롱보다 더 풍성하고 오래가는 향수를 찾는다면 오 드 뚜왈렛이 적절하다.

오 드 퍼퓸(EDP, Eau de Parfum): 하루 종일 향이 지속되길 원한다면 오 드 퍼퓸 부향률의 향수를 찾아보는 것이 좋다. 8~15% 농도로 5~7시간 동안 향이 유지되며 오 드 뚜왈렛보다도 더 짙은 느낌을 준다. 많은 니치 향수 브랜드에서 선호하기 시작하면서 짙은 향이 고급스럽다는 인식이 생겼다.

이 외에도 오 드 코롱보다도 더 묽은 1% 부향률의 '샤워 코롱'이나 오 드 퍼퓸보다 더 짙은 15~30% 부향률의 '퍼퓸'도 있다. 부향률처럼 딱 측정 가능한 기준이 향 유지력이나 강도를 보장해 주면 좋겠지만, 사실 부향률만으로는 오래가는 향수를 고를 수 없다. 향을 만들어 주는 성분에 따라 빠르게 휘발될 수도, 오래도록 잔류할 수도 있기 때문이다.

만약 부향률만으로 향수의 지속력이 결정된다면 베르가못 단일 향료와 바닐라 단일 향료를 동일한 농도로 희석한 용액은 같은 시간 지속되어야 한다. 하지만 실제로 맡아 보면 베르가못을 희석한 향이 훨씬 더 일찍 사라진다. 시트러스 향료가 휘발성이 더 강하기 때문이다.

이 때문에 시트러스나 허브 등 가벼운 향의 비율이 높은 제품은 오래 지속되지 않는다고 느낀다. 마찬가지로 같은 오 드 뚜왈렛 향수를 테스트해 보더라도 무겁고 오래 지속되는 향이 더 많이 쓰인 향수는 오드 뚜왈렛 이상의 지속력을 가지고 있는 것처럼 느껴지기도 한다. 부향률은 수학 공식처럼 일괄 적용되는 개념이라기보다는 소비자의 이해를 돕기 위한 표현이다.

그리고 또 한 가지 주의해야 하는 것이 있는데, 바로 '코롱'이라는 단어의 활용이다. 영국 니치 향수 브랜드 '조 말론'을 두고 가장 많이 하는 오해는 모든 향수가 오 드 코롱 수준의 부향률이고, 지속력이 짧다는 것이다. 브랜드에서 사용하는 '코롱'이라는 표현 때문인데 조 말론에서는 공식적인 부향률을 공개하지 않는다. 각 향이 표현하고자 하는 이미지에 어울리는 향을 적절한 농도로 배합할 뿐 보통의 오 드 뚜왈렛과 오 드 퍼퓸 부향률이다. 다만 과일과 허브, 여린 꽃향기 등 가벼운 성질의 향을 주로 사용한 향수가 인기를 끌면서 '코롱'을 부향률로 인식하는 오류가 생긴 것이다. 조 말론처럼 코롱을 부향률이 아닌 향수 혹은 향을 품은 화장수의 의미로 사용하는 브랜드가 종종 있으므로 직접 향을 착용해 보기 전 선입견을 품지 않았으면 한다.

어느 날 '같은 값이면 원단이 많이 사용된 큰 사이즈 옷을 구입하는 것이 이득'이라는 말을 들었다. 이왕이면 동일한 비용을 들여 더 큰 이득을 보고 싶은 건 자연스러운 마음이다. 그렇지만 마음에 들지 않아 자주 입지 않는 것보다는 몸에 딱 맞는 옷을 구매해 맵시 있게 자주 입는 게 더 큰 이익 아닐까? 향수 가치를 판단하는 데도 향료가 더 많이 들어간 높은 부향률만 선호하기보다는 내가 어떤 상황에서 자주 착용하는지, 평소 사용하던 향수 성격은 어떠한지, 나에게 어울리는 진하기인지를 먼저 고려해야 더 애정을 가지고 활용할 수 있다.

만약 부향률 차이에 따른 향 느낌이 궁금하다면 동일한 이름의 향을 두 가지 이상의 부향률로 출시한 브랜드를 찾아가서 직접 맡아 보는 것이 좋다. 당신이 상상하는 이상적인 향에 부합하는 최적의 농도를 찾을 수 있을 것이다.

아침과 저녁 향이 다른 이유

향은 눈에 보이지 않는 분자로 쓰인 한 편의 이야기와 같다. 단순히 맡기 좋은 냄새라고 생각할 수도 있지만 천천히 들여다보면 향은 단순하지 않은 완성된 이미지를 표현하고 있다. 마치 탄탄하게 구성된 소설과 같은 기승전결이 존재하기에 향기의 시작과 끝을 모두 느껴야만 비로소 완전한 향을 즐긴 셈이다.

처음 공기와 접촉한 뒤 켜켜이 쌓여 있는 이야기를 하나씩 풀어나가듯 단계별로 달라지는 향 변화를 구분하는 기준이 바로 '노트'다. 시간이 지나면서 우리가 느끼는 향이 달라질 수 있다는 '발향' 단계의 이해 없이 향수를 구매하면 처음과 다른 잔향에 당황하는 경우가 종종 생긴다. 향수를 뿌리고 난 직후는 더할 나위 없이 좋았는데, 조금만 지나도 내가 알고 있는 향수의 첫인상은 사라지고 생각지도 못한 향이 올라오기 때문이다. 혹은 반대로 생각지도 못한 좋은 향에 왜 진작 알아보지 못했을까 하는 아쉬움에 빠지기도 한다.

향수에서 노트는 두 가지 의미를 지닌다. 탑 노트, 미들 노트, 라스트 노트처럼 시간에 따른 발향 단계를 구분하는 노트와 시트러스 노트, 플로럴 노트, 우디 노트처럼 향 성격과 캐릭터를 구분하는 노트가 있다. 영어로 'Note'라는 단어를 보면 공책이 떠오를 테지만 조향할 때 사용하는 노트라는 단어는 음악에서 악보를 그릴 때 사용하는 음표에서 유래되었다. 그래서 음표가 쌓여 화음을 이루는 것처럼 여러 향이 균형 잡힌 비율로 구성되어 조화를 이룰 때 화음, 즉 어코드(Accord)가 좋다고 표현한다.

조향 용어 중에는 음악과 유사한 표현이 많은데, 하나의 음만 반복되는 노래보다 화음을 쌓은 노래가 더 풍성하고 듣기 좋은 것처럼 어코드가 좋은 향이 더 복합적이고 풍부한 뉘앙스를 품는다. 그렇다면 왜 향수를 처음 뿌렸을 때와 시간이 지났을 때 향이 다른 걸까? 이 문제를 이해하기 위해서는 발향 단계에서의 노트를 알아야 한다. 발향 단계는 흔히 '노트 피라미드'라고 부르는 삼각형 구조로 설명한다.

탑 노트(Top Note): 헤드 노트(Head Note)라고도 하는 탑 노트는 말 그대로 위, 다시 말해 향의 첫인상이다. 처음 향이 퍼지기 시작한 후 5분에서 10분 정도에 가장 뚜렷하게 나타나는 향이라고 하지만 최대두 시간까지 계속해서 느껴지기도 한다. 금방 향이 흩어지기 때문에누군가는 탑 노트는 크게 중요하지 않다고 말하기도 한다. 그러나 처음이 좋아야 그다음도 있는 법. 우리는 향수를 처음 뿌린 그 순간을놓치지 않아야 한다. 강렬한 유혹을 위해 맡는 순간 기분이 좋아지는 상큼하고 달콤한 향을 탑 노트에 두는 이유다. 레몬이나 자몽 같은 시트러스 노트와 라벤더 등의 허벌 노트 그리고 풋풋하고 상쾌한 식물 느낌의 그린 노트가 주로 처음을 장식한다.

미들 노트(Middle Note): 탑 노트에서 전개된 향은 30분 정도 지나면 처음과 다른 뉘앙스로 변화한다. 이때부터 느껴지는 향을 미들 노트 혹은 하트 노트(Heart Note)라고 부른다. Heart, 심장이라는 단어에서 짐작할 수 있듯이 향수가 그리는 이야기의 핵심이자 조향사가 중점적으로 표현하고자 한 메인 이미지가 바로 미들 노트에서 등장한다. 미들 노트에 사용되는 향기로는 빠르지도 느리지도 않은 속도로 휘발되는 꽃향기가 많다. 보통 외출 직전 향수를 뿌리고 이동하면서 탑 노트는 날아가고 미들 노트가 전개되기 때문에 우리가 누군가를 스쳐 지나갈 때 맡는 향기는 보통 미들 노트다.

라스트 노트(Last Note): 라스트 노트는 탑 노트에서 시작된 이야기가 미들 노트를 거쳐 이야기의 마지막 결말에 도착했음을 의미한다. 베이스 노트(Base Note)라고도 부르며 잔향이라고 표현하기도 한다. 처음 향수를 뿌린 뒤 2~3시간 정도 흐른 뒤부터 등장하는데 원료에 따라 며칠 동안 남아 있기도 한다. 쉽게 날아가지 않는 만큼 진하고 무거운 동물성 향료와 나무의 진액인 발삼 노트, 진중하고 차분한 우디 노트가 라스트 노트를 장식한다. 향수를 조합할 때 라스트 노트 비율이 높으면 향이 전반적으로 묵직하고 깊어지며 지속력 또한 높아지지만 그만큼 상쾌하고 개운한 느낌은 줄어들 수밖에 없다.

한두 번의 만남으로 그 사람을 다 알 수 없듯이 탑 노트만 보고 향수 전체를 파악하기는 어렵다. 마찬가지로 소설책 결말만 읽고서 이야기를 다 즐겼다고 할 수 없는 것처럼 라스트 노트만 맡았다는 건 향수의 일부만 들춰 본 셈이다. 종종 향수 매장에서는 소비자들이 자유롭게 시향할 수 있도록 향을 미리 뿌려 놓은 오브제를 전시한다. 소비자들이 향의 전개를 최대한 파악할 수 있도록 준비한 배려다. 처음 스프레이를 분사해서 미들 노트와 라스트 노트가 전개되기까지는 시간이 걸리기도 하고, 일상적으로 더 오래 맡고 계속 느끼는 향은 미들 노트와 라스트 노트이기 때문이다.

하지만 미리 준비된 향을 맡아 보고 그 향이 마음에 든다면 꼭 시향지 혹은 몸에 새로 뿌려 달라고 요청하자. 향수가 분사되는 순간 최초로 맞이하는 탑 노트까지 경험해 봐야 비로소 한 편의 향이 완성되기 때문이다. 한 번의 손짓으로 펼쳐지는 향의 이야기가 내 곁에서 어떤 결말을 맞이할지 찬찬히 들여다볼수록 새로운 재미를 발견할 것이다.

이미지 메이킹 끝판왕

우리나라 속담 중 "보기 좋은 떡이 먹기도 좋다"는 말이 있다. 내용물만큼이나 겉모습을 갖추는 것도 중요하다는 점을 강조하는 말이다. 사회가 발전하고 경쟁이 심화되면서 지금의 우리는 그 어느 때보다도 보기 좋은 떡이 권장되는 '이미지의 시대'에 살고 있다. 하지만 이건 인형같이 예쁜 외모나 조각상같이 완벽한 몸매를 갖춰야 한다는 뜻이 아니다. 범람하는 대체제의 홍수 속에서 나를 돋보이게 해 줄, 나를 '온리 원'으로 만들 고유의 색깔을 찾아야 한다는 의미다. 몇십 년 전만 해도 획일화된 기준을 따르고 남들과 같은 삶을 사는 것이 미덕이었지만 지금은 다르다. 개개인의 개성이 강조되고 남들과 다른 매력과 특성을 살려 나만의 이미지를 구축하는 것, 바야흐로 이미지 메이킹의 시대가 도래했다.

새로운 사람을 만나 첫인상이 결정되기까지 단 5초면 충분하다고 한다. 고작 5초라는 짧은 시간에 나에 대한 호오(好惡)가 결정된다니 한편으론 덧없게까지 느껴진다. 특히 면접같이 중요한 자리에서 찰나와 같은 순간이 내 미래에 영향을 끼친다는 사실은 억울하기까지 하다. 하지만 반대로 생각해 보면 처음의 5초를 활용해 이후의 관계에서 유리한 위치를 차지할 수 있다는 말이 된다. 그렇다면 어떻게 좋은 첫인상을 만들 수 있을까? 호감을 자아내는 요소는 아주 복합적이다. 우리의 뇌는 상대와 많은 말을 나누지 않아도 목소리와 태도, 표정, 자세 등 비언어적 정보를 종합적으로 처리한다. 이러한 요소는 타고 나지 않아도 바꿀 수 있다. 그래서 중요한 면접을 준비하기 위해 스피치를 연습하고, 우호적인 비즈니스 관계 구축을 위해 단정한 옷차림과 자신감 있는 태도를 보이는 것이다.

향기는 좋은 첫인상을 만드는 '치트키'다. 소개팅 자리에서 내가 좋아하는 향수를 뿌린 상대가 더 매력적으로 보인 적이 없는가? 시원하고 세련된 향수를 뿌리는 사람은 왠지 더 신뢰가 가고, 포근하고 따뜻한 향이 느껴지는 사람은 사랑스럽게 느껴진다. 귀엽고 어린 외모의 친구에게서 강렬한 향을 맡을 때 의외의 매력을 느끼며 그 사람이 달리 보인다. 단순히 눈으로 보았을 때보다 그 사람에게 더 관심이 가고 더 알고 싶다는 흥미가 생긴다. 그래서 향기는 이미지 메이킹을 위한 강력한 무기가 된다.

개인적으로 클라이언트나 거래처와의 첫 미팅 날이면 고민하지 않고 집어 드는 향수가 있다. 바로 샤넬의 '가브리엘 샤넬'(Gabrielle Chanel)이다. 지금은 코코 샤넬로 더 유명하지만 패션 디자이너 샤넬의 본명은 가브리엘 보뇌르 코코 샤넬이다. 그리고 패션 디자이너로 성공하기 전 자유롭고 자신만만한 모습의 샤넬에게서 영감을 받은 향수가 바로 '가브리엘 샤넬'이다. 가브리엘 샤넬 향수에선 이제 막 새로운 도전을 앞둔 강렬한 에너지를 느낄 수 있다. 그래서 많은 사람이 가브리엘 같은 열정과 용기를 가질 수 있길 바라며 자신감이 필요한 날 뿌리기 시작했다. 평소와 달라진 건 향 하나뿐인데 신기하게도 나의 태도부터 달라진다. 무엇이든 해낼 것만 같은 열정적인 태도는 상대에게도 좋은 인상을 남길 수밖에 없다.

향수와 이미지 메이킹 효과를 이야기할 때면 수강생 J가 기억난다. J는 성인을 대상으로 영어 회화 수업을 하는 강사였는데, 작은 체구와 어려 보이는 외모를 보완할 수 있도록 카리스마 있는 향을 찾고 싶다고 했다. 그 말을 듣고 바로 전문성은 높이고 부드러움은 눌러줄 수 있는 시크하고 깨끗한 시프레 향을 클래스 주제로 삼았다. 얼마 지나지 않아 수업을 마치고 오늘따라 더 멋있어 보였다는 칭찬을 받았다며 본인 스스로도 향수를 뿌린 날은 더 샤프해 보이는 느낌이라 신기하다는 후기를 전해 줬다. 지금도 종종 찾아오는 J는 향수의 힘에 매료되어 주위에 향 활용을 적극 추천하는 향수 전도사가 되었다.

현재 변화가 필요한 상황이라면 향부터 접근해 보는 것은 어떨까? 고가의 향수를 구매하라는 뜻이 아니다. 평소 사용하는 샤워 젤, 보디로션, 헤어스프레이 등 향수가 아니더라도 나의 향기를 각인시킬 수단은 많다. 물론 향수가 가장 쉽고 직관적인 장치이기는 하다. 하지만 '살냄새' 마케팅이 왜 흥하였겠는가? 있는 듯 없는 듯 은은하게 풍기는 향기는 화려하고 진한 향수와 또 다르게 나를 표현하는 강력한 무기가 된다.

향을 바꿔 보는 것은 타인에게 보이는 나의 모습뿐만 아니라 스스로가 받아들이는 나의 모습까지 달라질 수 있기에 더 효과적이다. 결국 내 안에서부터 변화가 이루어지지 않으면 아무리 노력해도 금세 원래대로 돌아온다. 변화가 필요하다고 느꼈다면 지금 상황에 불만족하거나 혹은 어려움을 겪고 있다는 뜻 아닐까? 설사 나에게 맞는 운명의 향을 만나지 못하더라도 기분 전환은 확실히 된다. 그것만으로도 당신이 새로운 향을 시도할 가치가 있다. 지금 당신에게 필요한 것은 정교하게 설계된 한 방울의 경험이다.

후각은 뇌와 직접적으로 연결되어 깊은 각인을 남기는 감각이다. 그렇기에 기억되고 싶은 이미지를 남기기에 향기만큼 효율적인 수단이 없다. 세련된 푸제르 향은 위기 상황이 닥쳤을 때 당신을 1순위로 신뢰할 수 있는 믿음직한 모습으로 저장한다. 달콤한 프루티와 향긋한 플로럴 향은 당신의 사랑스러움을 더욱 극대화할 것이다. 기억되고 싶은 이미지를 표현하는 향을 아는 것. 당신의 퍼스널 브랜딩을 완성하는 마지막 조각이다.

진정한 멋쟁이의 향수 에티켓

  패션의 완성은 ○○. 빈칸에 들어가는 표현은 수도 없이 많다. 타고난 외모의 중요성을 강조할 때는 얼굴과 몸매를 대입해 '패션의 완성은 얼굴', '패션의 완성은 몸매' 등으로 완성하고, 또는 노골적으로 '패션의 완성은 돈'이라고 이야기하기도 한다. 패션에 정답은 없지만 패션을 사랑하는 사람은 많다. 그렇다면 패션을 사랑하는 당신에게 한 가지 제안하고 싶은 표현이 있다.

  '패션의 완성은 향'이라는 말을 들어 봤는가? 향기는 과시하지 않고 은근하게 연출할 수 있는 최후의 액세서리다. 똑같이 흰 티에 청바지를 입더라도 우디한 향수를 뿌린 코디와 시트러스 향수로 마무리한 코디는 느낌이 다르다. 때로는 심혈을 기울인 코디에 향수가 어울리지 않아 외출 직전 환복을 고민하기도 한다. 하늘하늘한 원피스를 입고 라벤더와 앰버 향이 도드라지는 향수를 뿌린다면 한복에 중절모를 쓴 것 같은 묘한 미스매치를 느낄 것이다. 그래서 옷을 좋아하는 사람은 향수도 다양한 종류를 갖추어 놓는다. 외출 전 마지막으로 점검하며 향수병에 손을 뻗는다. 향만 잘 써도 패션의 레벨이 달라진다는 것을 이미 이해하고 있기 때문이다.

진정한 멋쟁이는 패션의 TPO를 지킨다. TPO란 시간(Time), 장소(Place), 상황(Occasion)에 따라 적절한 옷차림을 갖추어야 한다는 뜻이다. 장례식에서 검정 옷을 입거나 공식적인 자리에서 노출이 심한 의상은 피하는 등의 사회적 약속을 포함한다. 의복은 몸을 보호하는 기능도 있지만 나의 개성을 드러내고 메시지를 표현하는 수단이기도 하기 때문이다. 이 세상에 나 혼자만 남는다면 존재할 필요가 없는 규칙이겠지만 우리는 사회적 동물이기에 암묵적으로 지켜야 하는 최소한의 예의가 있다. 그리고 패션과 마찬가지로 향수를 뿌릴 때도 고려해야 할 매너가 있다.

향수에 부정적인 이미지를 가지고 있는 사람에게 이유를 물으면 보통 유사한 경험을 가지고 있다. 사람이 빽빽한 지하철이나 버스 안 혹은 환기가 원활하지 않은 공간에서 내가 좋아하지 않는 냄새가 진하게 풍기는 불쾌한 상황을 겪은 것이다. 사실 이 상황은 내가 좋아하는 향이라 하더라도 괴로운 순간이다. 여기에 겨울철 난방까지 더해진다면 더욱 힘들어진다. 건조하고 답답한 온풍기 바람만으로도 호흡이 불편한데 거기에 더해진 향수 공격은 결정타가 된다.

향이 섞이기라도 하면 더 자극적이다. 사무실처럼 닫힌 공간에서 코를 찌르는 자극은 어디로 피할 수도 없다. 냄새가 괴롭다고 해서 숨 쉬는 것을 멈출 수는 없지 않은가? 그렇기 때문에 향수를 뿌리기 전, 혹시 차에 타는 시간이 길거나 밀폐된 실내 공간을 방문할 예정은 없는지 한 번쯤 생각해 봐야 한다. 만약 오늘 뿌리려던 향수가 짙고 관능적인 앰버 계열이었다면 살포시 내려놓고 산뜻한 시트러스 향수를 시도해 보는 것은 어떨까?

애초에 향수를 착용하지 않는 게 더 나은 상황도 있다. 고대하던 점심시간에 밥을 먹으러 식당에 앉았는데 음식이 나온 순간 어디선가 느껴지는 진한 향수 냄새에 식욕이 떨어진 경험이 있을 것이다. 병원이나 장례식장 등 여러모로 조심스러운 공간에서 화려하게 존재감을 나타내는 향수에는 누구라도 눈살을 찌푸리게 된다. 향수 없이는 살수 없는 애호가일지라도 가끔은 내려놓음이 필요한 순간들이 분명 존재한다. 심지어 무향(無香)이 미덕인 직업도 있다. 바리스타는 음료에 화장품 향이 섞이는 것을 방지하고 커피 고유의 아로마를 예민하게 느끼기 위해 커피 이외의 향은 최대한 배제한다. 조향 교육과 향기 컨설팅을 진행하는 나는 내가 뿌린 향수가 수업이나 상담에 영향을 줄수 있어 최대한 향을 억제한다.

반대로 TPO를 잘 지킨 향수 사용은 어디에서나 환영받는다. 오랜만에 반가운 얼굴을 만나는 연말 송년회를 기대하며 코트에 뿌린 바닐라 향 향수는 겨울바람 냄새와 섞여 모임 장소에 따뜻한 설렘을 불러올 것이다. 꿉꿉한 장마철 은은하게 풍기는 시원한 허브 향은 맡는 사람의 기분까지 덩달아 개운하게 만들어 준다. 이런 센스 있는 향 활용은 언제나 추천이다. 공간이 넓고 환기가 잘 되는 야외를 걷는다면 좋아하는 향을 마음껏 입어도 좋다.

향수 TPO라고 해서 여름엔 시트러스 향수를 뿌리고 정장엔 푸제르 향수를 추천한다는 등 획일화된 사용법을 제시하려는 것은 아니다. 사실 그런 규칙보다는 향을 즐기는 것이 더 중요하다. 전통적으로 남성용 향수라고 여겨졌다 하더라도, 여성인 당신이 편안함을 느낀다면 그것은 당신에게 맞는 향이다. 마찬가지로 여성용 향수로 유명한 꽃향기도 남성에게 찰떡같이 어울릴 수 있다.

어떤 규칙과 공식을 따르기보다는 코가 원하는 향, 나에게 어울리는 향이 우선임을 기억해야 한다. 다만 내가 즐기기 위해 타인에게 불쾌감을 주거나 불편한 상황을 만들지는 말아야 한다. 이것이 유일하게 기억해야 할 향수의 TPO다. 적절한 매너 위에 뿌려진 향수야말로 더 매혹적으로 빛나는 장식이라는 것을 기억하자.

나만의 향을 만드는 향수 레이어링 공식

 인간은 적응의 동물이다. 특히 후각은 자극에 빨리 익숙해진다. 매일 생활하는 우리 집 냄새는 잘 못 느끼지만, 친구 집 특유의 향취는 잘 느껴지는 것처럼 매일 접하는 냄새에는 금방 무뎌진다. 그래서 향수는 사도 사도 부족하다고 느낀다. 매일 사용하다 보면 이미 뿌리고 있는 향수에 금방 적응하기 때문이다. 마치 옷장 안에 옷이 꽉 차 있어도 입을 옷이 없다고 느끼는 것처럼 분명 어제까지 마음에 들던 향수 컬렉션이 부족해 보이는 날이 있다. 하지만 끊임없이 새로운 자극을 추구하게 만드는 적응력 덕분에 우리는 취향과 센스를 발전시킬 수 있었고, 이것을 단순히 부정적인 변덕이라고 치부할 수 없다.

 그렇다고 이전에 산 향수도 저렇게 많이 남아 있는데 지겹다는 이유만으로 매번 새로운 향수를 살 수도 없는 노릇이다. 향이란 섬세하고도 복잡해서 그날의 기분과 컨디션, 날씨, 환경에 따라 어제는 지겨웠던 향이 오늘은 새롭게 느껴지기도 하고, 지난달에는 매일 뿌리고 다니던 향수가 이번 달에는 손이 안 가기도 한다. 이러한 고민을 해결하는 아주 좋은 방법이 있다. 바로 스스로 조향사가 되어 새로운 향을 창조하는 것이다.

물론 마음에 드는 향을 만들겠다고 긴 시간과 비용을 들여 전문 조향사가 되라는 뜻은 아니다. 누구나 지금 바로 할 수 있는 방법, 바로 '향수 레이어링'이다. 향수 레이어링은 두 개 혹은 그 이상의 향수를 착용해 새로운 향 조합을 만들어 내는 것이다. 여러 향수가 섞여 탄생한 향은 기존 향과는 다른 분위기가 느껴지니 이것이야말로 향을 창조하는 조향사가 하는 일 아니겠는가? 게다가 나만의 조합을 만드는 데 익숙해지기만 하면 무궁무진한 경우의 수가 생기니 당신의 향수 컬렉션을 단번에 더 풍성하게 만들어 준다.

향수 레이어링을 처음 시도한다면 더도 말고 덜도 말고 딱 두 개의 향수로 도전하는 것이 좋다. 더 많은 향수를 섞을수록 오묘한 결과물이 나오겠지만 적당한 균형을 찾는 것은 생각보다 어려운 일이다. 심지어 두 개의 향수만을 가지고 시도하더라도 만족할 만한 공식을 찾는 데까지 오래 걸릴 수 있다. 어떤 향수를 더 많이 뿌릴 것인지, 어느 순서로 뿌릴 것인지, 어디에 뿌릴 것인지에 따라 향이 섞였을 때의 뉘앙스가 달라지기 때문이다. 향수 레이어링에 팁을 조금 더 주자면, 무조건 손에 잡히는 두 가지 향수를 뿌려 보며 시작하기보다는 각 향수의 노트와 특성을 먼저 이해하고 내가 의도하는 분위기가 무엇인지 계산한 뒤 시도하는 것이 좋다. 특히 향수의 잔향과 강도를 고려해야 한다.

구체적으로 추구하는 이미지를 상상하면서 조합을 찾아보는 것도 도움이 된다. 예를 들어 원래 자주 뿌리던 장미 향 향수를 조금 더 다양하게 활용하고 싶은 날이라고 생각해 보자. 풍성한 꽃다발 같은 표현을 원한다면 장미와 어울리는 재스민 등 다른 꽃향기와 조합할 수 있고, 장미 넝쿨이 우거진 정원 느낌을 살리기 위해서는 조금 더 풋풋하고 싱그러운 느낌의 그린 향이랑 매칭하는 게 좋다. 혹은 장미의 치명적인 모습을 강조하고 싶다면 앰버 계열의 관능적인 향과 섞으면 색다른 느낌을 낼 수 있다. 이렇게 구체적인 상상은 실제로 조향할 때도 사용하는 효과적인 향수 레이어링 방법이다.

향수 층을 쌓기 위해 뿌리는 방법으로 딱히 정해진 규칙은 없다. 시도하는 개인마다 창의성을 발휘해 본인에게 편한 위치와 순서를 찾으면 된다. 다만 이미 향수 레이어링에 익숙한 사람들이 보편적으로 선호하는 방법은 있다. 먼저 무거운 향은 허리 혹은 무릎과 같은 하체에, 가벼운 향은 가슴과 목 등 상체에 분사하는 방법이다. 이렇게 향을 뿌리면 안정적인 구조로 향이 올라오면서 향 완성도가 더 높아진다. 혹은 왼쪽과 오른쪽으로 나눠 팔이나 손목, 손등에 뿌리는 방법도 있다. 서로 다른 향이 직접적으로 섞이지는 않지만 향이 자연스럽게 혼합되도록 유도하는 방식이다.

향이 아예 겹쳐지도록 같은 부분에 시간차를 두고 뿌려도 된다. 레이어링 하려는 향수 중 강도나 지속력이 더 강한 향수를 먼저 착용하고 그다음 가벼운 향수를 입어 주면 향수 레이어링 완성이다. 이때 주의할 점은 꼭 처음 뿌린 향이 마른 뒤에 다음 향을 뿌려 주어야 한다. 먼저 뿌린 향수가 피부 혹은 섬유에 자리 잡은 뒤에 다음 향이 입혀져야 뭉개지지 않고 층을 쌓을 수 있기 때문이다. 또 여러 개 향수를 뿌리는 만큼 착용하는 향의 총량이 늘어난다는 사실을 잊어서는 안 된다. 평소 향수를 두 번씩 뿌렸다고 두 개의 향수를 각각 두 번씩 뿌린다면 두 배는 더 짙은 향의 구름에 휩싸일 것이다.

혹시나 몇 번의 시도에도 마음에 드는 레이어링 조합을 찾지 못했다고 해서 실망할 필요는 없다. 모든 시도 속에서 당신은 이미 새로운 향을 창조하고 있다. 실패는 성공의 어머니이고 누적된 레이어링 경험치는 사라지지 않는다. 많은 위대한 발명은 우연하게 발견됐다. 그러니 세상에 단 하나뿐인 당신의 향을 만날 때까지 포기하지 말자.

추천 레이어링 조합

1. 우디+바닐라
부드럽고 달콤한 바닐라와 무게감이 느껴지는 우디가 만나 새로운 존재감을 만들어 낸다. 바닐라의 달콤함을 좋아하지만 평범함이 싫다면 약간의 우디를 더해 독창적인 뉘앙스를 창조할 수 있다.

2. 시프레+플로럴

시프레의 차분함은 좋지만 화사함이 부족해 아쉬웠다면 좋아하는 플로럴 노트를 살짝 더해 더욱 풍성한 향을 즐길 수 있다. 어떤 꽃을 선택하느냐에 따라 더 밝은 느낌으로도, 더 깊고 관능적인 느낌으로도 연출이 가능하다.

3. 시트러스+아로마틱

상쾌함의 끝판왕. 머리와 가슴이 답답할 때 뿌려 주면 힐링 테라피를 누리게 된다. 선명함이 덜한 시트러스를 선택하면 마치 고급 스파에서 경험했던 순간을 재현할 수 있다.

뿌리는 곳에 따라 달라지는 향기

머리, 확인 완료. 피부, 오늘도 완벽. 패션, 퍼펙트. 외출하기 위한 만반의 준비를 마치고 이제 화룡점정으로 향수 뿌리는 일만 남았다. 거울 앞에 서서 향수병을 집어든 당신, 과연 어디에 향을 입힐 것인가?

아마 외출 전 향수까지 뿌려야 진정한 준비 완료라고 생각하는 사람이라면 이미 루틴처럼 향수를 뿌리는 자신만의 신체 부위가 있을 것이다. '향수를 어디에 뿌려야 하나요?'라는 질문이 던져졌을 때 정설처럼 언급되는 곳이 바로 '맥박이 느껴지는 부분'이다. 손목, 목과 귀 뒤 등 맥박이 느껴지는 곳에 향을 입혀 주면 맥이 뛸 때 향이 함께 퍼지고, 피부에 가까운 혈관 덕분에 상대적으로 따뜻해서 향 분자가 더 활발하게 움직인다. 특히 목과 귀 뒤 같이 얼굴 가까운 곳에 향수를 뿌려 주면 내가 좋아하는 향을 가장 잘 즐길 수 있다.

자신을 위한 향도 좋지만 타인에게 내 향기를 어필하고 싶다면 팔꿈치나 허리에 뿌리는 것을 추천한다. 걷거나 일어나는 등 의식하지 않은 자연스러운 움직임을 따라 향도 같이 멀리 퍼져 나갈 것이다. 향수는 알코올에 녹아 있는 향료가 알코올과 함께 증발하면서 위로 올라가는 성질이 있다. 그래서 발목이나 무릎 뒤 오금에 뿌려 주면 향이 증발하면서 남기는 흔적을 오래도록 느낄 수 있다. 하지만 피부에 직접적으로 향수를 뿌릴 때는 상처 난 곳이나 눈가 등 예민한 곳은 피해야 한다. 알코올과 향료 모두 강한 자극을 주기 때문이다. 또 땀이 나는 곳에 향을 입혀 땀 냄새를 막아 볼 생각이라면 일찌감치 접자. 땀과 향수가 섞이면 원래의 향기가 변할 뿐만 아니라 향기로워야 할 향이 괴로운 쪽으로 변할 가능성이 높다. 겨드랑이는 가장 뿌리지 말아야 할 곳 중 하나다.

피부가 예민한 편이거나 가능한 본래의 향을 오래도록 즐기고 싶다면 옷에 뿌리는 것도 하나의 방법이다. 섬유에 향기를 입히면 몸에 직접 뿌린 것과 달리 체온, 땀, 유분 등 향에 간섭하는 요인이 줄어든다. 스카프, 카디건, 티셔츠에 뿌린 향은 시향지에 뿌린 것처럼 조향사가 의도하고자 한 향을 오롯이 느낄 수 있다. 하지만 한번 섬유에 향기가 배어들면 세탁하지 않는 이상 다른 향으로 바꾸기 어렵다.

또한 실크나 가죽 등 얼룩에 민감한 옷감은 알코올과 향료 때문에 옷이 상할 수 있기 때문에 꼭 보이지 않는 안쪽에 미리 테스트해 봐야 한다. 실크, 가죽 같은 예민한 원단이 아니더라도 옷이 상하지 않을까 염려된다면 20~30cm 이상 충분한 거리를 띄운 뒤 향수 뿌리는 것을 추천한다. 염료를 추가했거나 향료 색이 있는 향수는 일부 원단에 이

염될 수 있다. 꼭 뿌리기 전 확인해서 향수로 옷을 망치는 속상한 일이 발생하지 않도록 하자.

흔들리는 바람 속에서 향기가 느껴지길 바란다면 머리카락에 향기를 입혀도 좋다. 하지만 우리가 일반적으로 사용하는 향수를 머리카락에 직접 뿌려서는 안 된다. 향수의 알코올이 증발하면서 모발을 건조하게 만들어 머릿결이 상하거나 푸석푸석해질 수 있기 때문이다.

은은한 샴푸 향 같은 향기를 연출하기 위해서는 헤어 전용으로 출시된 헤어 퍼퓸 혹은 미스트를 사용하는 것이 가장 좋지만, 알코올 성분이 없는 '워터 베이스' 향수를 사용해도 무리는 없다. 이때도 머리카락 가까이에 대고 뿌리기보다는 20~30cm 떨어진 곳에서 분사해 한 곳에 지나치게 많은 양이 닿지 않도록 주의해야 한다. 평소 사용하는 빗에 향수를 뿌린 뒤 머리카락을 빗어 내리는 사람도 있다. 빗에 먼저 향수를 뿌리고 흔들어서 알코올을 적당량 날려준 뒤 향을 입히는 방법이다. 다만 아무리 알코올을 날린다 해도 향료가 두피에 닿으면 자극을 줄 수 있기 때문에 모발 끝 위주로 빗질해야 한다.

향수는 너무 만족스러운데 지속력이 아쉽다면 샤워 후 보디로션을 발라준 뒤 향수 뿌리는 방법을 추천한다. 또 한 가지 향을 진하게 느끼고 싶다면 같은 향의 보디로션을 바르고 향수를 뿌리면 된다. 향수와 보디로션이 다른 향이어도 상관없다. 오히려 서로 다른 향이 섞여 레이어링 효과까지 누릴 수 있다.

예전에 바셀린을 바른 뒤 향수를 뿌리면 지속력이 높아진다는 팁이 유행했었다. 실제로 런던대학교 연구진이 실험까지 해서 효과를 입증한 방법으로 영 근거 없는 낭설은 아니다. 다만 우리의 코는 알코올과 향료가 증발하면서 확산되는 향을 맡는다. 그렇기 때문에 증발하지 못하게 향을 잡아 주는 바셀린은 향수가 피부에 오래 머무르게 해 지속력은 높일 수 있으나 오히려 향이 퍼지는 것을 방해한다.

향수를 좋아하는 사람이라면 이왕이면 향수를 더 제대로 즐기고 싶고, 어디에 어떻게 뿌려야 좋을지 고민한다. 여기 소개한 방법 말고도 향수 고수들의 유니크한 노하우도 얼마든지 있을 것이다. 평소 즐겨 사용해 익숙한 향수가 있다면 내일은 평소와 다른 곳에 향수를 뿌려 보는 건 어떨까? 평소와 다르게 느껴지는 향에 다시금 향수에 대한 애정이 솟아오를지도 모른다.

성공적인 향수 쇼핑을 위하여

새로운 모임에 가서 직업을 밝히면 '요즘 향수 왜 이렇게 비싸요?'라는 질문을 자주 듣는다. 점점 더 많은 사람이 향수에 관심을 가지고, 많은 브랜드에서 향수 고급화 전략을 하고 있으니 향수 가격이 점점 더 높아지는 건 당연한 일이다. 문제는 고가라고 해서 내 마음에 들 거라는 보장이 없다는 것이다. 그러다 보니 향수를 구매할 때는 신중해질 수밖에 없다. 후회 없는 쇼핑을 위해 온라인에는 익명의 향수 구매자들이 향수 정보와 후기를 활발히 공유한다. 하지만 여전히 충분하지 않다. 향은 지극히 주관의 영역이니 말이다.

누군가는 평생에 다시없을 천상의 향이라 찬양한다고 해도 나에게는 그렇지 않을 수도 있다. 르라보의 대표 향수 '어나더13'(Another 13)은 극단적으로 갈리는 후기로 유명하다. 서늘한 쇠 냄새와 소독약 냄새 때문에 도저히 좋아할 수 없다는 후기와 포근하고 부드러운 살냄새가 너무 좋다는 후기가 공존한다. 이처럼 특히 향수는 직접 시향해 보지 않고 사면 실패할 확률이 높다. 당연히 직접 뿌려 보고 결정하는 것이 성공 확률을 높이는 방법이지만, 후각은 어디에 기록할 수도 없다 보니 순간의 느낌에 의존해야 하는 향수 쇼핑이 더더욱 어렵게 느껴진다.

먼저 무엇보다도 꼭 피부에 직접 뿌려 봐야 한다. 시향지에 뿌려진 향을 맡는 건 예선전이다. 관심 있는 모든 향수를 착용해 볼 수 없으니 착향할 후보를 추리는 과정이다. 시향지에 뿌려진 향이 마음에 든다면 드디어 본선 무대인 피부로 초대할 수 있다. 피부에 뿌린 뒤에는 충분한 시간을 들여 세세한 향의 변화를 느껴 봐야 한다.

앞서 이야기한 탑, 미들, 라스트 노트를 기억하는가? 향수는 켜켜이 쌓여 있는 종합 구조물로 공기 중에 노출된 후 하나씩 전개된다. 탑 노트와 미들 노트가 사라지고 나서야 도드라지는 라스트 노트는 우리가 실제 향수를 사용할 때 가장 오래 남아 있을 잔향이다. 따라서 라스트 노트까지 맡아 본 후 결정을 내려야 한다. 향수 첫인상에 반해 구매했다가 잔향이 마음에 들지 않아 눈물을 머금고 중고 거래하는 경우가 종종 있다. 향의 전체 스토리를 훑어봤다고 느낄 정도로 충분한 시간을 들여야 후회 없는 향수 쇼핑을 할 수 있다.

또 한 번에 너무 많은 향을 테스트해서는 안 된다. 처음에는 강하게 느껴지던 향이 시간이 지날수록 희미해진 경험이 있지 않은가? 후각은 직접적이고 예민한 감각이지만 그만큼 쉽게 마비되기도 한다. 계속 예민하게 반응했다간 우리의 뇌와 후각 세포는 과부하에 걸리고 말 것이다. 그래서 순차적으로 시향해 본다고 할지라도 한 번에 많은 냄새를 맡는다면 뒤로 갈수록 우리 코는 후각에 무뎌진다.

한 번의 쇼핑에 3~4개 향수를 시도해 보는 것이 적당하다. 맡아 보고 싶은 향수는 많고, 다음에 또 언제 쇼핑하러 시간을 낼 수 있을지 모르는 상황에서 겨우 3~4개만 경험해 본다는 것은 괴로운 일이다. 그렇다면 후각을 되돌릴 수 있는 최소한의 시간을 갖자. 코가 향에 무뎌진 것 같다고 느낀다면 그 장소를 벗어나 신선한 공기를 마시며 후각을 환기해야 한다.

만약 직접 향수 매장을 갈 수 없는 상황이라면 향수 브랜드에서 제공하는 샘플과 디스커버리 세트를 적극 활용하자. 이미 많은 향수 브랜드에서도 온라인으로 향수를 구매하는 소비자들의 어려움을 잘 알고 있다. 어떻게 하면 시각적으로 생생하게 향을 느낄 수 있을지 깊게 고민한다. 향수 마케팅에서 비주얼이 중요한 이유이기도 하다. 하지만 그것만으로 충분하지 않다고 느끼는 브랜드는 시향지나 미니어처 샘플, 디스커버리 세트 등을 제공해 소비자들이 더 만족스러운 향수 쇼핑을 할 수 있게끔 도와준다.

감각을 더욱 예민하게 만들기 위해서 식사 직후보다는 공복 상태일 때 향수 쇼핑하는 것이 좋다는 팁을 들은 적이 있다. 하지만 후각의 예리함을 판단하기에 앞서 우리가 어떤 상황에서 향을 주로 사용하는지 먼저 살펴보길 추천한다. 향수를 분석하고 연구하는 목적으로 새로운 향기를 찾고 있다면 이러한 예리함은 당연히 도움이 된다. 다만 당신이 일상에서 편하게 사용할 데일리 향수를 찾고 있다면 이렇게까지 준비할 필요는 없다. 게다가 공복 상태일 때 충동구매할 확률이 올라간다고 하니 든든하게 식사를 마치고 합리적인 소비를 노리는 것이 좋지 않을까?

　때로는 충동구매라는 예기치 않은 모험에서 보물을 발견할 수도 있다. 기대가 낮을수록 실망의 가능성이 줄어들어 쉽게 만족하기 때문이다. 혹은 우연한 모험이 나를 새로운 취향으로 이끌기도 한다. 충동적으로 시도해 보지 않았더라면 자발적으로 접할 기회가 없었을 향이 인생 향이 되는 경우도 종종 있다. 하지만 모험만으로 쇼핑의 세계를 헤쳐 나가기엔 실패의 순간이 너무 쓰라리다. 현명한 소비자가 되어 후회 없는 쇼핑을 하자. 우리의 월급은 소중하니까.

같은 향수인데 왜 나에게선 그 향이 안 날까?

'매장에서 시향해 보고 사 왔는데 막상 제 몸에 뿌리니까 그 향이 안 나네요. 그래서 어쩔 수 없이 판매합니다. 딱 한 번 뿌려 봤어요.' 중고 거래 사이트에서 종종 보이는 향수 판매 글이다. 그리고 이 내용은 가장 많이 받아 보는 질문이기도 하다. 분명 직접 맡아 봤고 어울리는 패션까지 확인했는데, 왜 나에게선 다른 향이 나는 걸까?

인간은 조각상이 아니기 때문에 모두 다른 조건의 피부를 가지고 있다. 눈으로 보기에는 모두 비슷해 보일지라도 자세히 살펴보면 아주 복합적인 특징이 나타난다. 그리고 살아 있는 사람의 피부는 향기를 변화시키기도 한다. 당신의 피부가 건조하다면 향 휘발 속도가 빨라져 가벼운 향들은 순식간에 증발한다. 반대로 지성 피부라면 피부에서 자연히 올라오는 기름이 향을 잡아 둔다. 또 평균보다 높은 체온을 가지고 있다면 열에 약한 향은 성격이 변하게 된다. 이 외에도 피부의 pH농도, 보습제 사용 여부, 피부에 서식하는 박테리아 종류에 따라서도 향기 분자의 확산과 유지가 달라진다. 그래서 착용한 사람에 따라 향이 다르게 피어오르는 것이다.

당연히 타고난 체취도 영향을 준다. 체취가 강한 사람은 향과 체취가 섞여 독특한 향기를 만들어 낸다. 다른 인종에 비해 한국인은 땀 냄새가 강하지 않다는 연구에 대해 들어 봤는가? 한국인은 유전적으로 쿰쿰하고 시큼한 땀 냄새를 만드는 아포크린 분비가 적어 체취가 가장 적은 인종이다. 체취가 약하다면 의도적으로 설계된 향수의 향기가 더 선명하게 표현된다.

그런데 체취는 유전자뿐만 아니라 호르몬과 생활 습관에 의해서도 달라진다. 만약 100명의 사람이 있다면 100가지의 체취가 존재할 것이다. 일란성 쌍둥이일지라도 평소 먹는 음식, 하는 일, 가는 곳 등에 따라 다른 체취가 만들어진다. 술, 담배와 같은 기호 식품은 물론이고, 채소 위주의 식단을 하는 사람과 육류 위주의 식단을 선호하는 사람은 체취가 서로 다르다. 섭취한 탄수화물과 단백질 비율에 따라서도 영향을 받는다는 의미다. 우리는 모두 다른 식이 선호와 함께 각기 다른 식습관을 가지고 있다. 그러니 고유의 체취와 섞인 향은 사람마다 다를 수밖에 없다.

현재 건강 상태에 따라서도 내가 뿌린 향수의 향이 다르게 변화할 수 있다. 천부적인 후각으로 글로벌 니치 향수 브랜드 '조 말론'을 설립한 조 말론 여사는 일반인보다 100배 뛰어난 후각 능력을 지녔다. 무려 10만 방울 중 단 1방울의 화학 물질만 들어가도 구분이 가능하다고 한다. 이는 실제로 암 진단을 위해 훈련된 개와 유사한 수준의 후각이라는 것이 밝혀져 조 말론 여사는 '암세포 냄새도 맡을 수 있는 후각'이란 수식어를 얻었다. 즉, 다시 말해 신체에 질병이 발생하면 얼마든지 체취도 바뀔 수 있다는 말이다. 비록 아주 미묘한 변화여서 일반인들은 인식하지도 못하는 정도겠지만, 나비의 작은 날갯짓이 태풍을 만들 듯 그 미묘한 변화가 향이 발산되는 방향을 어떻게 꺾을지는 알 수 없는 일이다.

또한 우리는 향기를 맡을 때 후각과 함께 시각 정보도 동시에 받아들인다. 따라서 옷차림, 헤어스타일, 성격, 체형 등이 개개인의 이미지에 영향을 주고 이런 이미지를 후각과 함께 처리하면서 같은 향이더라도 다르게 받아들이는 것이다. 프로 축구 선수와 발레리나가 시원한 허브 향의 향수를 착향했다고 상상해 보자. 당신이 차례차례 그들을 만난다면 아마 프로 축구 선수에게서는 쿨하고 상쾌한 향이 느껴지고, 발레리나에게서는 깨끗하고 싱그러운 향이 느껴진다고 생각하지 않을까? 두 사람의 향기에만 집중한다면 금방 같은 냄새라는 것을 깨닫겠지만, 우리의 뇌는 눈으로 보는 것과 코로 받아들인 정보를 종합적으로 해석한다. 그래서 향을 입은 사람에 따라서 향이 다르게 느껴지는 것이다.

유명하고 인기 있는 향수인데 몸에 뿌리기만 하면 시향지에서 맡았던 향과 전혀 다른 향이 올라와서 속상한 적이 누구나 한 번쯤은 있을 것이다. 비록 직접 착향하진 못하더라도 포기 못 할 만큼 마음에 든 향은 작은 사이즈로 구매해서 이불에 뿌리거나 방향제로 즐긴 적도 많을 것이다. 충분히 안다고 생각했는데 오히려 깊게 알수록 알쏭달쏭하지 않은가? 때로는 향을 향한 나의 마음이 애달픈 짝사랑인가 하지만 이미 그 매력에 빠져 허우적대는 것 외에는 별 수 없는 게 향기 중독자 증상이다.

작은 유리병에 가둬진 향의 유효 시간

 강사로 활동하면서 가장 즐거운 시간은 학교에서 학생들과 만날 때다. 조향사라는 직업 덕분에 미래를 고민하고 적성을 탐구하는 학생들과 마주할 강의 기회가 종종 있다. 학생들이 던지는 질문은 매번 새로워서 영감의 원천이 되거나 혹은 놓치고 있던 부분에 깨달음을 주기도 한다.

 한번은 평소 향수에 관심이 많다는 학생 한 명이 "향수는 용량도 큰데 유통 기한은 왜 이렇게 짧은지 표시된 유통 기한 전에 한 병을 다 쓸 수가 없다"라고 귀엽게 투덜거렸다. 평소 향수 냄새가 강한 것을 싫어하거나 사용하는 향수가 두 종류 이상일 경우 누구나 공감할 만한 내용이라고 생각한다. 보통 향수 유통 기한이 2~3년인 점을 고려해 유통 기한 내에 향수 한 병을 다 소진하려면 얼마나 부지런히 사용해야 하는 걸까? 이건 비밀인데 평소 적절한 환경에서 향수 상태를 잘 관리했다면 향수 유통 기한에 너무 스트레스받지 않아도 된다.

 향수를 오래 사용하기 위해 피해야 할 가장 큰 적은 온도와 습도 그리고 공기다. 이 적들로부터 소중한 향수를 보호할 가장 좋은 방법은 직사광선을 피해 서늘한 곳에 보관하는 것이다. 창문가에 향수병을 올려놓고 햇빛에 반짝이는 보석 같은 액체를 감상하는 것은 황홀한 경험이지만, 동시에 향수를 가장 빨리 보내 버리는 방법이다.

또 향수병의 내부 스프레이가 쉽게 열 수 없는 구조로 되어 있는 것은 향의 변질을 막기 위해서다. 향수는 공기와 접촉하면 그때부터 알코올은 증발하고 향 또한 변하기 시작한다. 그래서 불필요한 공기 접촉을 차단하기 위해 아예 열 수 없는 향수병이 많다. 향수를 공병에 옮겨 담아 사용하려고 소분을 시도해 봤다면 아마 내부 마개의 견고함을 경험해 봤을 것이다. 불편하다고 느껴질 수 있으나 향의 수명을 늘리기 위해 꼭 필요한 방법이다. 향의 변화에 정말 민감하다면 와인셀러나 화장품 냉장고에 보관하는 것도 추천한다. 하지만 대부분은 책장 안쪽에 보관하는 정도면 적당하다.

아무리 보관을 잘해도 유통 기한이 지나면 찝찝하다고 느껴질 수 있다. 화장품이나 식품의 유통 기한이 중요한 이유는 상한 제품이 우리에게 해롭기 때문이다. 하지만 향수는 잘 상하지 않는다. 다만 변할 뿐이다. 일반적인 오 드 퍼퓸 향수는 용액의 65% 이상이 에탄올이다. 에탄올은 소독제로 사용될 만큼 살균 효과가 뛰어나다. 에탄올 용액 안에 세균이나 곰팡이가 들어가더라도 향수병 안에서 번식하기란 쉽지 않다. 그래서 오래된 향수를 마주할 때 위생은 걱정하지 않아도 된다.

마찬가지로 오래된 향수를 뿌리고 피부에 트러블이 생겼다면 용액이 비위생적이라기보다는 향료 성분에 알레르기 반응을 일으킨 경우가 더 흔하다. 만약 엄마 화장대에서 오래된 향수를 발견했다면 시향지나 깨끗한 종이에 먼저 뿌려 보자. 향보다 화학적 성분처럼 느껴지는 냄새가 더 많이 난다면 몰라도 향이 괜찮다면 한번 착향해 봐도 괜찮다.

위생에는 문제가 없다고 하더라도 오래된 향수를 바로 사용하는 건 추천하지 않는다. 베르가못 같은 시트러스 노트와 라벤더 등 아로마틱 노트는 가벼운 만큼 불안정하기 때문에 산화되기가 쉽다. 산화된 향은 향기가 변한다. 반대로 앰버, 머스크, 일부 우디 노트 등 묵직하고 짙은 향은 시간의 흐름에도 안정적이다. 그래서 오래된 빈티지 향수를 맡아 보면 전체적으로 짙고 동물적인 인상이 강하게 다가온다. 오히려 시간을 품고 변화한 향을 선호하는 마니아층도 분명 존재한다. 하지만 내 마음에 들지 않으면 아무런 의미가 없다. 식초처럼 시큼하게 변했거나 쇠 냄새 혹은 플라스틱 냄새 등이 나는 경우는 당연히 사용하기가 어렵겠지만, 원래의 향과 많이 달라져 버린 향수를 선뜻 착용하기도 힘들다.

작은 유리병에 가둬진 향의 시간은 아주 느리게 흘러간다. 그리고 세상에 나오는 순간 특유의 흔적을 만든다. 향수에는 향을 뿌린 사람이 지나간 자리에 남는 흔적 혹은 잔향을 뜻하는 '실라주'(sillage)라는 표현이 있다. 망망대해를 헤쳐 나가는 배 뒤로 하얗게 부서지는 포말이 길을 내듯이, 향이 스친 자리에도 보이지 않는 꼬리가 살랑거리며 흔적을 남긴다. 오래된 향수의 실라주는 처음 병에 담겼던 당시의 순간까지도 불러내는 것이 아닐까? 출시된 지 30년 혹은 그 이상 된 빈티지 향수가 경매에서 아주 고가에 거래되는 건 어쩌면 우리가 가장 쉽게 할 수 있는 시간 여행이기 때문일 것이다.

좋은 향이 느껴지면 기분이 좋아진다. 향으로 저장된 기억은 오래도록 남아 있다. 굳이 다시 언급하지 않더라도 익히 알고 있는 우리가 살면서 한 번쯤은 경험했던 '향의 힘'이다. 이 향의 힘을 세계 마케팅 업계에서 놓칠 리가 없다. 향과 관련된 제품을 판매하는 쇼핑몰에서 충동구매 지출이 14% 증가하고, 더 고가의 제품을 구매하겠다는 소비자가 84% 증가하는 등 강력한 마케팅 수단임을 입증하는 연구가 활발히 이루어지고 있다.[5] 2000년대 이전부터 다양한 영역에서 향기를 활용한 마케팅 활동이 펼쳐지고 있다.

'우리의 브랜드를 기억해 주세요'라고 직접적으로 외치는 목소리에 더 이상 소비자들은 반응하지 않는다. 오히려 넘쳐 나는 광고와 홍보에 현혹되지 않기 위해 소비자들은 점점 똑똑해지고 있다. 하지만 향기로 전하는 이미지는 간접적이고 은근하다. 그래서 오히려 의심받지 않고 소비자들의 마음을 파고들 수 있다. 이런 똑똑한 마케팅 효과를 적극적으로 활용하고 있는 대표적인 영역은 전시장과 공연장, 쇼핑몰 그리고 호텔업계다.

전시장과 공연장

소녀시대 태연은 콘서트를 위해 특별히 향을 만들고 굿즈를 판매한다. 굿즈는 한정 수량으로 제작되어 콘서트에 참석하지 않더라도 구매할 수 있

---

5. Harvest Consulting Group, 2001.

다. 하지만 콘서트의 벅참을 경험하지 못하고 향을 맡은 팬과 콘서트에서 생생한 현장감과 감동을 경험한 팬이 받아들이는 향의 느낌은 다를 것이다. 그 순간만을 위해 설계된 향을 내 가수와 공유하며 함께 호흡했다는 유대감까지가 향을 구성하는 요소이기 때문이다.

오감의 경험을 유도하는 요즘 전시에서 향은 특히 자주 활용되는 공간 장식이다. 하지만 모든 전시와 공연장에서 향을 공간 장식 그 이상으로 이해하고 진정한 향의 효과를 인지했을까? 소녀시대 태연은 단순히 향기로운 환경을 만들기 위해서가 아닌 '프루스트 효과'를 실제로 이용해 콘서트가 끝난 후에도 향과 함께 오래도록 그날의 감정과 분위기를 기억하게 만들고 싶었다고 한다. 향의 효과를 분명하게 이해하고 전략적으로 적용한 사례다.

오프라인 쇼핑몰

책을 좋아하는 사람이라면 '교보문고 냄새'는 익숙한 향일 것이다. 실제로 '교보문고에서 가장 많이 팔리는 제품은 디퓨저다'라는 말이 있을 정도다. 교보문고는 서점이지만 소위 '책 향'이라고 하는 시그니처 향기 'The Scent of Page' 디퓨저가 유명하다. 오프라인 서점 이용률이 계속 감소하자 교보문고는 2015년 시그니처 향을 만들어 공간에 적용하기 시작했다. 시원한 시트러스와 허브 향 그리고 오래된 책장에서 날 것 같은 나무 향을 조합해 만든 향은 금세 소비자의 취향을 자극했다. 그리고 판매 문의가 빗발쳐 2017년 이벤트성 판매를 기점으로 정식 판매를 시작했다고 한다.

이제 많은 사람들은 길을 가다가도 교보문고 향기가 나면 '근처에 교보문고가 있나 본데?'라며 자연히 서점은 교보문고라는 공식에 익숙해져 있다. 서점에서 느낀 독서의 즐거움을 집에서도 즐길 수 있도록 향을 준비했다는 교보문고는 다시금 브랜드 파워를 다지며 26년 연속 고객 만족도 1위 기록과 함께 복합 문화 공간으로 진화하고 있다.

호텔업계

호텔 로비에 들어서자마자 훅 들어오는 은은한 향기는 호텔의 첫인상을 결정한다고 해도 과언이 아니다. 재미있는 건 호텔을 방문한 고객들은 향을 인지하는 것과 별개로 향기가 있는 공간을 선호한다는 것이다. 아주 옅게 적용한 향기가 무의식을 파고들어 긍정적인 평가를 불러온다는 것을 이미 알고 있는 5성급 호텔들은 일찍부터 자체 향을 만들고 있다.

서울 웨스틴조선호텔 로비 향기는 세계 어느 나라의 웨스틴호텔을 방문하더라도 경험할 수 있다. 글로벌 브랜드로서 일관된 경험을 제공하고, 어느 나라 호텔을 방문하더라도 익숙한 곳에 돌아왔다는 안정감을 주기 위함이라고 한다. 이후 상품화하여 판매를 시작했고, 웨스틴호텔의 향을 구매한 고객은 호텔뿐만 아니라 개인적인 공간에서도 같은 향을 즐길 수 있게 되었다. 이는 고객이 다시 웨스틴호텔을 방문한다면 더더욱 '우리 집 같은 편안함'을 자연스럽게 끌어내는 것까지 의도하지 않았을까.

규모가 작은 사업장이라도 브랜딩의 중요성을 체감하는 곳이 많아서인지

BI/CI(Brand Identity/Corporate Identity) 향 개발 문의를 종종 받는다. 아니, 오히려 규모가 작을수록 소비자에게 브랜드를 각인시킬 수 있는 수단을 찾는다. 진심은 통한다는 말을 믿는가? 나는 믿는다. 그리고 표현하지 않는 진심은 절대 전해질 수 없다는 것도 안다. 브랜드 마케팅이란 내가 준비한 진심을 단정하게 정리해 시장에 전하는 표현 방법이다. 우리의 진심이 전해지지 않아 고민하고 있었다면 향기가 새로운 돌파구가 되어줄 것이다.

모두가 궁금해하지만 아무나 알지 못하는 이야기를 찾고 있는가? 그렇다면 이번 장에서 설명할 향기 이야기가 제격이다. 향수에 대해서 다양하게 살펴보았으니 이제는 향수 영역을 뛰어넘어 더 넓은 향의 세계를 들여다볼 차례다. 우리는 먹고 쓰고 바르고 마시는 거의 모든 곳에서 향을 마주친다. 하지만 접하는 횟수에 비해 잘 알지 못한다는 점이 아쉽다. 그래서 이번엔 당신의 향 생활 레벨을 높여 줄 유용한 이야기를 준비했다. 번득이는 영감이 필요할 때, 새로운 돌파구를 찾고 있을 때 의외의 힌트가 되어 줄 것이다.

제 5 장

향기 생활 레벨 업

향이 품고 있는 추억 조각들

　웬만해선 완독한 사람을 찾을 수 없다는 마르셀 프루스트의 대하 소설 《잃어버린 시간을 찾아서》에서 주인공 마르셀이 마들렌을 홍차에 적셔 먹다가 어릴 적 기억을 떠올리는 장면이 나온다. 먹음직스럽게 구워진 통통한 마들렌에서 느꼈던 고소하고 부드러운 냄새가 기억에 남아 있었던 것일까? 마르셀은 행복했던 유년 시절, 고모 집에 놀러 가면 갓 끓인 홍차와 마들렌을 함께 먹곤 했다. 성인이 된 뒤 그 시절의 행복을 잊고 있다가 홍차에 찍은 마들렌 냄새를 맡고 즐거웠던 기억을 떠올렸다. 이후 마들렌은 잊힌 기억을 불러오는 상징물처럼 여겨져 특정한 냄새가 기억을 불러오는 현상을 '프루스트 효과'라 부르게 되었다.

　'프루스트' 무언가 낯익은 느낌이 들지 않는가? 맞다. 소설을 읽지 않았어도 한 번쯤 스쳐 가며 들었을 영화 〈마담 프루스트의 비밀정원〉 때문일 것이다. 처음엔 동화 같으면서도 몽환적인 포스터에 눈길이 갔지만 시간이 지나면서 제목을 곰곰이 생각하게 되었다. 왜 많은 이름 중 '프루스트'를 가져왔을까? 기억과 유년 시절의 회복에 대한 내용일까? 그렇다면 '프루스트 현상'을 위해 향이 등장할까? 이 영화는 여러모로 소설 《잃어버린 시간을 찾아서》를 떠올리게 한다.

가장 먼저 동화 같은 색감이 인상적인 영화 〈마담 프루스트의 비밀 정원〉의 등장인물 아틸라 마르셀과 마담 프루스트의 이름을 합치면 바로 '마르셀 프루스트'가 된다. 이야기가 진행될수록 본격적으로 프루스트 현상에 대해 이야기한다. 등장인물 이름을 알고 난 후 혹시 이 영화가 향수와 관련된 영화인가를 진지하게 고민하기 시작했다. 이뿐만이 아니다. 영화 속 주인공 폴은 어릴 적 아픈 기억으로 트라우마와 실어증을 앓고 있는데, 우연히 마담 프루스트의 집을 방문한 뒤 왜곡된 기억이 아닌 잊고 있던 실제 어린 시절을 떠올리며 점차 트라우마에서 벗어나게 된다. 마담 프루스트가 폴의 기억을 불러오기 위해 준비한 것은 무엇이었을까? 바로 홍차와 마들렌이었다.

《잃어버린 시간을 찾아서》에서 유래된 프루스트 현상은 단순히 소수가 경험한 착각이 아니다. 남녀노소, 국경과 인종을 넘어 같은 현상을 겪는 일이 흔하게 발생했다. 이 때문에 과학적 근거가 있지 않을까 하는 물음은 언제나 존재했다. 그러던 중 미국 모넬화학감각센터의 헤르츠 박사 연구팀은 2001년 실험을 통해 특정 향이 기억에 영향을 준다는 사실을 입증했다.

연구팀은 실험을 위해 사람들에게 특정한 냄새와 함께 사진을 보여 주었다. 그리고 나중에는 사진 없이 냄새만 맡게 했는데, 사진과 냄새를 함께 맡았을 때 과거를 더욱 잘 기억했다고 한다. 그동안 냄새와 기억의 연결에 대해 '그렇다더라' 하고 신기하게만 생각했다면, 이 실험을 통해 후각과 기억이 실제로 연관 있음이 밝혀진 것이다. 그러니 당신이 어떤 냄새를 맡은 뒤 이전의 기억이 부지불식간에 펼쳐지더라도 놀라지 말자. 이는 자연스럽고 당연한 일이다.

영화 〈마담 프루스트의 비밀정원〉에서는 어릴 적 기억을 다시 들여다보며 주인공의 트라우마를 치료한다. 현재의 문제가 과거에 있기 때문에 그 문제의 시작점을 찾아 꼬인 매듭을 풀어 나간 것이다. 현실에서도 의학적 보조 수단으로 향을 활용하는 영역이 있다. 그중에서도 특히 주목받고 있는 분야가 바로 향을 보조 수단으로 이용해 기억을 자극하는 치매 치료 영역이다. 대표적인 사례가 스위스의 향료사 지보단(Givoudan)이 개발한 'Smell a Memory'다. 지보단은 잠들기 전 침대맡에서 듣던 이야기, 엄마의 요리, 학창 시절 등 지나온 삶의 궤도에서 감정적으로 깊은 인상을 남겼을 순간을 향으로 개발하여 치매 환자들의 감정과 기억을 되살리고자 했다.

국내에서도 유사한 도전을 하는 기업이 있다. 사회적 기업 '민트웨이'는 향기 키트를 이용한 감각 인지 프로그램을 개발해 어르신들이 건강한 노년을 보낼 수 있는 제품을 연구한다. '민트웨이' 키트에는 일상에서 쉽게 마주할 수 있는 향을 맡고, 무슨 향인지 기억하는 간단한 후각 훈련이 있다. 후각이 기억력과 깊게 연결된 감각인 만큼 다양한 냄새를 인지하고 구분하는 후각 훈련이 뇌를 종합적으로 단련시킨다는 점에서 접근했다고 한다.[6] 이처럼 '프루스트 현상'을 이용한 보조적 시도들이 더 많은 곳에서 활용된다면, 특히 치매 같은 기억력 저하 질병 예방과 개선에 도움이 될 것이라 생각한다.

의외로 향으로 기억되는 과거는 그다지 또렷하지 않다. 사진처럼 항상 일정한 모습으로 특정 장면이 떠오르는 것도 아니라 머릿속에 떠오른 순간을 누군가와 그대로 공유할 수 없어서 답답하다. 모든 순간에는 무엇이 되었든 냄새가 있었을 텐데 그 구체적인 냄새를 생생하게 표현할 수 있는가? 그렇게 떠오를 만한 강렬한 후각 자극이 있는가? 냄새로 무언가를 떠올려 본다면 어떤 경험의 정확하고 객관적인 기억보다는 그 순간 느꼈던 따뜻함, 설렘, 충격, 열정, 슬픔, 아쉬움과 같은 감정이 더 도드라진다.

어떤 냄새를 맡았을 때 저 깊은 곳에 묻혀 존재조차 잊었다가 갑자기 떠오르는 기억들이 있다. 지하철에서 스쳐 지나가는 사람에게 느낀 비누 냄새가 풋풋했던 첫 설렘의 기억을 가져다주기도 하고, 빗방

---

6. https://news.sbs.co.kr/news/endPage.do?news_id=N1007147206&plink=ORI&cooper=NAVER

울이 적신 축축한 땅 냄새가 그때 그 시절의 운동장을 불러오기도 한다. 모든 냄새에 좋은 기억만이 연결되어 있으면 좋으련만 때로는 우연히 맡은 냄새에 나를 괴롭히던 전 직장 상사의 얼굴이 떠올라 자동으로 기분이 가라앉기도 한다. 피할 새도 없이 코를 파고드는 냄새로 어떤 순간과 감정이 몰아치는 것은 불가항력에 가깝다. 그럴 때는 그 냄새를 기억했다가 꼭 새로운 기억으로 덮어 버리자. 괴로웠던 향기에 행복하고 즐거웠던 기억을 새로 만들어서 더 이상 힘든 기억이 당신을 괴롭히지 않도록 하자.

향을 품고 있는 화장품인 향수(香水)와 과거 혹은 고향에 대한 그리움을 표현하는 향수(鄕愁)가 같은 발음인 것도 아주 흥미롭다. 어쩌면 우리는 냄새를 통해 잠깐 현재를 멈추고 과거로 돌아가도록 설계된 게 아닐까. 향은 사람의 매력을 극대화하기도 하고, 비어 있는 공간을 꽉 채워주기도 하며, 때로는 보여 주고 싶지 않은 부분을 감춰 주기도 한다. 하지만 향이 가진 여러 역할 중 가장 본능적인 기능은 기억 저장이다. 당신의 잊힌 기억을 불러오는 냄새는 무엇인가?

냄새의 과학

　냄새를 맡는다는 것은 숨 쉬는 것처럼 간단하다. 아니, 냄새를 받아들이고 그 안의 정보까지도 차곡차곡 정리하는 모든 과정이 숨 한 번 들이마시는 그 찰나에 이루어진다. 저녁 귀갓길 아파트 복도에 가만히 서서 크게 한 번 숨을 들이마시면 어디선가 풍겨 오는 청국장 냄새로 이웃집의 오늘 저녁 메뉴를 가늠할 수 있다. 또 엘리베이터 안 희미하게 남은 소독약 냄새로 오늘도 깨끗한 환경을 위해 노력한 청소부의 노고를 느낄 수 있다. 그리고 집 현관문을 열고 들어가는 순간 '우리 집 냄새'가 나를 반겨 주며 오늘 하루도 무사히 마무리되었다는 안도감을 느낄 수 있다. 모두 숨 한 번에 처리되는 정보다. 우리는 매 순간 크게 힘들지도, 오래 걸리지도, 어렵지도 않게 킁킁거리지만 그 과정에는 경이로울 정도로 정교하고 복잡한 과학이 숨어 있다.

　막 잘라 낸 풀 냄새를 맡아 본 적 있는가? 어딘가 비릿하면서도 풋내 나는 축축한 냄새가 퍼질 때면 왠지 여름의 햇살이 생각난다. 내가 학창 시절을 보낸 베트남은 항상 여름이라 제초 시즌이 따로 없고 일 년에 몇 번씩 학교 곳곳의 풀을 베어 내곤 했다. 대대적으로 제초한 날은 쉬는 시간마다 밖에 서서 풀 냄새를 들이마신 기억이 있다. 길게 자란 풀을 잘라 내면 그 안에 있던 향 분자가 공기 중에 떠다닌다. 그렇게 부유하던 향 분자는 바람에 실려 더 멀리 날아가기도 하고, 흩어져 희미해지기도 하고, 일부는 우리 콧속으로 들어오기도 한다. 풀잎에서 시작해 우리의 코 안까지 여행을 마친 향 분자는 코 안을 보호하고 있는 점액에 달라붙는다.

쉬지 않고 일하는 우리의 몸은 냄새 분자가 들어온 것을 눈치채고 받아들일 준비를 한다. 후각 신경 끝에 붙은 후각 수용체는 자신이 담당하게 된 향 분자를 감지하고 결합하는데, 이와 함께 후각 신경 세포도 활성화되어 뇌에 신호를 보낸다. 이제 뇌도 무언가 냄새나는 녀석이 있다는 것을 알게 되었다. 뇌의 여러 조직 중 후각 신경 세포가 전해 준 신호를 가장 먼저 받아 본 후각 망울은 마치 성의 1차 관문처럼 각각의 향 분자를 구분하는 서류를 발급한다. 발급된 서류는 곧 감각을 인식하는 조롱박피질과 기억을 담당하는 해마, 감정을 관장하는 편도체에 전달된다. 그전까지 우리는 냄새가 있다는 것만 알 수 있을 뿐 무슨 냄새인지는 파악하지 못했다. 조롱박피질이 코 안에 들어온 향 분자의 서류를 받아 보아야만 우리는 비로소 이 냄새를 '갓 베어 낸 풀냄새'라고 구분할 수 있다.

해마는 장기 기억을 저장하는 뇌 안의 보관소다. 바닷속 생물인 해마를 닮아서 해마라는 이름이 붙었다. 중간고사를 앞두고 벼락치기로

집어넣은 지식은 단기 기억에 불과해 시험지를 제출하고 뒤돌아서면 머릿속에서 사라진다. 반면 꾸준한 복습과 학습으로 반복적 자극이 주어진 정보는 해마에 장기 기억으로 저장된다. 그래서 오랜 시간이 지나도 떠올릴 수 있다. 그런데 후각 망울은 해마와 강하게 연결되어 있다. 냄새와 함께한 자극이 깊게 저장될 수 있는 이유가 바로 후각 망울과 해마의 연결 덕분이다. 베트남의 학교를 떠난 지 10년도 넘었지만 아직도 풀 베는 냄새만 맡으면 풀이 잘린 정원, 그날의 하늘, 건물 구조가 몽글몽글 떠오르는 이유다.

해마가 해마를 닮아 해마라는 이름이 붙었다면 편도체는 편도(扁桃), 즉 아몬드를 닮은 모양 때문에 편도체라고 불리게 되었다. 해마와 조롱박피질 외에 후각 망울이 향 분자 서류를 전달하는 또 다른 조직은 바로 편도체다. 편도체는 우리 뇌에서 동기, 학습, 감정과 관련된 정보를 처리하는 부위다. 우리가 무언가를 좋아하거나 싫어하고 무서워하는 것은 다 편도체가 작동하기에 가능한 현상이다. 그리고 편도체는 후각 망울과 연결되어 있다. 후각과 감정은 깊은 관계를 맺을 수밖에 없는 것이다. 제초 현장을 지날 때 학창 시절의 기억이 떠오름과 동시에 '이 냄새 좋아'라고 생각할 수 있는 건 편도체 덕이다.

조롱박피질과 해마, 편도체에서 전달한 정보는 안와전두피질에 모인다. 안와전두피질은 흩어진 정보를 종합적으로 처리해서 최종적으로 인식한다. 잘린 풀에서 출발한 향 분자 파일이 하나 완성되었다. 이제 우리는 이 냄새가 안전한지, 자리를 피해야 하는지, 어떤 모습일지를 결정하고 상상할 수 있다. 그리고 이후 새로운 후각 자극이 들어왔을 때 취해야 할 판단과 행동의 근거가 될 것이다. 이 복잡한 처리 과정이 끝나기까지 얼마나 걸릴까? 냄새를 맡고 안와전두피질이 활성화되기까지 보통 1초, 단 1초가 소요된다고 한다.

인간은 이런 고도로 발달한 정보 처리 단계를 통해 생존해 왔다. 냄새를 맡아서 먹어도 되는 음식과 썩은 음식을 구분하고, 어디서 불이 나거나 위협이 되는 포식자가 등장했을 때 문제에 맞서 해결할 것인지 아니면 빠르게 몸을 피해야 할지 결정했다. 지금의 우리는 먹을 것을 찾거나 안전하게 쉴 곳인지 판단하기 위해서 후각에 의존하는 경우는 거의 없다. 생존의 위협이 현저히 줄어들었지만, 여전히 우리의 후각 시스템은 기억과 감정을 풍부하게 만들어 즐거움을 선사한다.

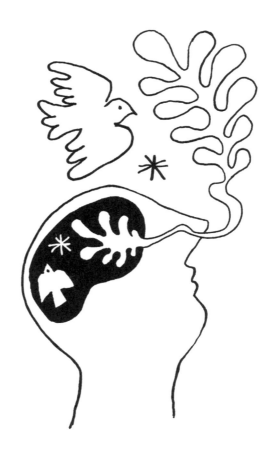

영원한 라이벌, 천연 향료와 합성 향료

'아로마 테라피'는 라벤더, 로즈메리, 일랑일랑 등의 향을 활용해서 감정과 스트레스를 관리하는 일종의 향기 요법이다. 또 아로마 테라피는 우울, 불안, 불면, 산만함 등의 문제에 도움이 되는 향기를 골라 다시금 편안한 상태를 이루도록 유도한다. 만약 당신이 아로마 테라피를 경험한 적이 있다면 에센셜 오일이라 부르는 천연 향료에 대해 들어 봤을 것이다.

역사적으로 인류는 꽃과 나무의 수지, 식물의 잎과 뿌리에서 추출한 원료를 활용해 향을 만들었다. 그리고 이렇게 식물로부터 추출한 향료를 천연 향료라 한다. 자연 상태의 원료에서 향을 추출하기 위해서는 많은 시간과 노동력이 필요하고, 원료 제약도 많기 때문에 대체로 천연 향료 가격대는 높은 편이다. 예를 들어 400kg의 재스민 꽃으로는 고작 1kg의 천연 재스민 향료를 만들 수 있다. 천연 장미 향료 1kg을 위해서는 무려 4500kg의 꽃잎이 필요하다. 확실히 효율만으로는 천연 향료의 가치를 따질 수 없다. 그러나 천연 향료만의 친환경적이고 고급스러운 이미지는 여전히 긍정적으로 평가되기 때문에 고가의 니치 향수 브랜드와 전문 향수 브랜드에서 활발히 사용하고 있다.

합성 향료의 역사는 1834년 쌉쌀한 아몬드 향이 나는 니트로벤젠의 발견과 함께 시작되었다. 아몬드에서 추출하지 않고도 아몬드 향을 표현할 수 있다니. 심지어 천연 향료보다도 안정성이 뛰어났다. 다양한 제품에 적용하기가 훨씬 쉬워진 것이다. 니트로벤젠은 곧 비누의 주요 원료가 된다. 얼마 지나지 않아 인체에 자극을 준다는 사실이 밝혀져 향료 시장에서는 금세 퇴출당했지만 니트로벤젠에서 시작한 합성 화합물 연구는 1868년 '쿠마린' 발견부터 급류를 탄다. 그 뒤로도 헬리오트로핀, 바닐린, 이오논 등 다양한 화합물이 발견되었고 조향계의 구도를 완전히 뒤바꿔 놓았다.

합성 향료 혁명이 불러온 가장 큰 변화는 은방울꽃과 같이 천연 향료로 추출할 수 없는 향도 재현이 가능해졌다는 점이다. 은방울꽃은 청초하고 순수한 모습으로 바라볼수록 빠져드는 매력이 있다. 또 모양만큼이나 은은한 향기를 품고 있는데, 문제는 꽃이 너무 여려서 존재하는 추출 방식으로는 향을 없애기만 할 뿐 도통 가능한 추출 방법이 없다. 그래서 은방울꽃 향은 '환상 속의 향'으로 불리기도 했다. 그런데 합성 향료가 발전하면서 드디어 은방울꽃 향을 표현할 수 있게 되었다. 실제 꽃향기와 완전히 일치하지는 않더라도 은방울꽃의 청초함과 깨끗함, 순수함을 더해 줄 향료를 얼마든지 만들 수 있게 되었다.

합성 향료 덕분에 더 쉽고 저렴하게 즐기게 된 향도 많다. 대표적인 향이 바닐라 향이다. 바닐라 향은 포근하고 달콤해서 남녀노소 모두 좋아하고, 요리와 조향 등에 자주 사용된다. 그러나 천연 바닐라 에센스는 터무니없이 비싸다. 만약 베이킹을 위해 바닐라빈을 구매해 본 적이 있다면 알 것이다. 그냥 바닐라빈 가격도 비싼데 여기서 향만을 추출한 바닐라 에센스 가격은 말할 것도 없다. 그런데 1874년 바닐라 향을 구성하는 물질인 바닐린을 발견했다. 그리고 이듬해 향료 합성까지 성공하게 되면서 우리는 저렴한 바닐라 에센스를 즐길 수 있게 되었다. 또 합성 향료 덕분에 존재하지 않는 '바다 향'과 같은 추상적인 향이 개발되면서 조합할 수 있는 향의 스펙트럼이 무한하게 확장되었다. 지금 우리가 저렴하게 수많은 향을 즐길 수 있는 것은 모두 합성 향료가 개발되고 발전한 덕분이다.

합성 향료는 종종 인체에 유해하거나 독성을 띤다는 오해를 받는다. 이는 처음 발명된 합성 향료인 니트로벤젠과 관련 있다. 안정적이고 저렴한 니트로벤젠은 당시 생활용품에 활용되었는데, 독성이 있음이 밝혀져 사용이 중단되었다. 구조의 안정성은 검토했지만 안전성 검토가 미흡했던 것이 패착이었다. 이 외에도 19세기 합성 향료가 발전하기 시작한 초기의 몇몇 사례들이 아직까지도 대중에게 부정적인 영향을 주고 있다.

그러나 지금의 합성 향료는 시장에 출시되기 전 충분한 안전성 검사와 검증을 거치고 있기 때문에 믿고 사용해도 된다. 또한 합성 향료가 발달하지 않았다면 아직까지도 머스크(사향노루의 분비샘에서 추출), 씨벳 오일(사향고양이의 항문선에서 추출) 등을 동물로부터 직접 추출했을지도 모른다. 합성 머스크와 씨벳 오일이 만들어진 덕분에 동물들에게 고통을 주는 일도 줄일 수 있게 되었다.

물론 천연 향료는 무조건 건강하고 인체에 유익하다는 인식도 위험하다. 에센셜 오일은 실제로 생리적·심리적 치료 효과를 보인다. 우리의 신경계에 작용해 긍정적인 변화를 일으킨다. 하지만 실제로 신체에 영향을 주기 때문에 평소 지병이 있거나 임신 중이라면 특히 주의해서 사용해야 한다. 대표적으로 마음을 진정시키고 불안을 가라앉히는 효과가 있다고 알려진 라벤더는 저혈압 환자가 사용하지 않는 것이 좋고, 집중력 향상에 도움이 된다고 알려진 로즈메리는 혈압 상승 작용으로 고혈압 환자는 피하는 것이 좋다. 또한 식물에서 추출한 천연 향료라고 할지라도 알레르기 유발 인자를 품고 있을 가능성이 있어 모두에게 순한 것은 아니다. 세상에서 가장 강한 독은 결국 자연에서 온다는 말도 있으니 말이다.

때로는 천연 향료와 합성 향료 구분이 무의미하게 느껴지기도 한다. 동서양을 막론하고 남녀노소 가장 선호하는 향 중 하나가 바닐라 향이라고 한다. 바닐라의 부드럽고 달콤한 향을 구성하는 화합물은 바닐린이다. 천연 바닐라 깍지에서 추출한 바닐린과 실험실에서 합성한 바닐린은 같은 분자 구조를 가지고 있다. 그렇다면 천연 바닐린과 합성 바닐린을 구분하는 것이 의미가 있을까? 의미가 있다면 그 경계를 무엇으로 삼아야 할까?

천연 향료와 합성 향료 중 한쪽을 무조건 배척하기보다는 적절하게 활용하는 것이 필요하다. 내가 사용하는 환경과 필요한 부분을 파악하고 이점을 취할 수 있어야 한다. 합성 향료가 표현할 수 있는 다양한 스펙트럼으로 창의적인 조향을 시도하고, 향의 풍부함을 위해 적절한 천연 향료를 더하는 것처럼 말이다. 이 또한 우리가 향을 알아야 하는 이유다. 향료가 안전한지를 결정하는 요소는 향료가 어디에서 왔는지가 아니다. 천연인지 합성인지보다 대중에게 소개되기 전 충분한 테스트와 검증을 거치고 출시되었는지를 더욱 중요하게 살펴야 한다.

어쩌면 고든 램지에겐 조향사의 자질이 있다

"향은 어떻게 만드나요?" 외부 출강이나 오프라인 행사에서 가장 많이 듣는 질문이다. 아무래도 조향이란 생소한 영역이다 보니 근본적인 부분부터 관심을 보인다. 사실 향을 만드는 과정에 대해서는 별도로 책을 한 권 써도 모자랄 만큼 많은 요소를 고려해야 한다. 향기 자체만이 아니라 표현하고 싶은 시각적 이미지, 언어적 표현, 결과물의 안전성까지. 심지어 조향 재료로 활용할 수 있는 향의 가짓수는 수천 개에 달한다. 수천 개의 향으로 이끌어 낼 수 있는 조합은 무한에 가깝다. 이렇듯 조향 과정은 복잡하고 섬세하지만 한마디로 압축하자면 '요리와 비슷합니다'라고 대답할 수 있다.

뛰어난 요리사는 이미 알려진 레시피도 훌륭하게 재현하지만 레시피를 응용해 새로운 메뉴를 개발하는 일에도 능수능란하다. 이런 재능을 가진 사람들 덕분에 우리의 식문화는 점차 발전한다. 가끔은 처음 시도해 본 재료 조합이라는데도 맛이 훌륭하다. 이는 유명 셰프들만의 이야기가 아니다. 요리를 직업으로 삼고 있지 않아도 요리사의 자질을 가진 사람은 많다. 매일 먹는 라면에 낯선 재료를 추가하거나 주말이면 창의성을 발휘해 새로운 요리를 시도하는 것 또한 능숙한 요리사이기 때문에 가능한 일이다. 남은 자투리 재료로 만든 볶음밥이 꽤 맛있었는가? 당신은 요리에 재능이 있는 사람이다.

　새로운 조합의 요리 혹은 레시피를 만들기 위해선 무엇이 필요할까? 우선 레시피에 활용할 각 재료의 맛과 특성을 깊게 이해하고 있어야 한다. 예를 들어 익숙하게 먹던 제육볶음 말고 돼지고기를 활용한 새로운 볶음 요리를 만든다고 생각해 보자.

　가장 먼저 어떤 맛의 요리를 만들지 생각해야 한다. 달콤한 맛을 강조할지, 밥반찬으로 먹을 짭조름한 요리를 완성할지 정해야 재료를 준비할 수 있다. 다음은 재료 파악 단계다. 돼지고기 부위별 맛을 알고, 버터 브랜드마다 고소함이 다를 수 있다는 것을 이해하고, 음식에 따라 간장 종류를 달리 사용해야 한다는 것도 정확히 인지하고 있어야 한다.

　이처럼 재료 본연의 맛을 알지 못하면 다음 단계로 넘어가기 어렵다. 재료별 특징을 파악한 뒤에는 각 재료 조합이 주는 시너지를 상상해 봐야 한다. 요리 경험치가 높은 사람이라면 직접 조리하기 전에도 돼지고기와 버터, 간장이 더해졌을 때 대략 어떤 맛의 결과물이 나올 것인지를 예측할 수 있다. 그리고 이 가설을 바탕으로 실제로 조리해 보며 각 재료의 상세 비율을 조정하며 음식을 만든다.

조향 과정도 이와 매우 흡사하다. 새로운 향을 만들기 위해서는 우선 어떠한 향을 만들지 스케치하는 과정이 필요하다. 여름의 시간이 바랜 가을날의 정취를 표현하는 향을 만든다고 가정해 보자. 만들고 싶은 향을 그려 냈다면 다음은 이 스케치를 표현하기 위해 어떤 향료를 사용할지 고민해야 한다. 이때 개별 향료의 특징을 충분히 이해하고 있지 않다면 조합을 구성하는 데 많은 어려움이 있다. 여기에서 평소 얼마나 향료를 가까이했는지가 드러난다.

가을날의 정취를 표현할 때 체리의 달콤함을 사용하는 것은 부적절하지 않을까? 패츌리의 우디함이 차분하고 묵직한 분위기를 연출할 수 있지 않을까? 베르가못의 새콤하고 신선한 느낌이 필요할까? 향료의 종류는 수백 수천 가지나 되기 때문에 평소 후각 훈련과 향료 공부를 꾸준히 해야 향 만드는 구성을 짤 때 덜 혼란스럽다. 만약 향을 기억하는 능력이 뛰어나다면 향료 냄새를 직접 맡지 않아도 이미 쌓아 놓은 기억을 바탕으로 새로운 향의 얼개를 짜 내려갈 수 있지만 말이다.

스케치된 향을 구성할 향료를 선택했다면 다음엔 선택된 향료들이 어울릴지 살펴봐야 한다. 패츌리와 베르가못이 블렌딩된다면 어떤 느낌이 될까? 베르가못은 감귤계 과일 중 하나로 대표적인 시트러스 향이다. 베르가못이 적절한 비율로 섞인다면 감귤류 특유의 새콤함은 살아 있으면서 향을 전반적으로 밝게 만들어 준다. 그렇다면 베르가못을 소량 추가해 패출리의 무거운 느낌을 중화시켜 가을의 건조하고도 맑은 느낌을 표현할 수 있겠다.

마치 레시피 개발할 때 처음 요리를 만들어 본 뒤 수정하며 최적의 재료 조합을 찾아내는 과정과 유사하다. 조향에서도 첫 블렌딩 이후에는 세부 비율 조정을 위해 샘플을 조향하고 수정하는 과정을 반복한다. 적게는 5회, 많게는 수십 회까지 수정을 계속하기도 하는데 끝없이 이어지는 수정 중에도 처음 스케치한 느낌을 또렷하게 인식하고 있어야 원하는 최종 결과물을 빨리 만나 볼 수 있다.

이렇게 본다면 확실히 요리와 조향이 비슷한 부분이 있지 않은가? 이뿐만이 아니다. 코를 막고 음식을 먹으면 맛이 잘 느껴지지 않는 것처럼 맛을 잘 구분하려면 후각의 역할이 중요하다. 그래서인지 수업하다 보면 바리스타처럼 카페에서 일하는 수강생이 향의 미묘한 차이를 쉽게 구분하고 완성도 높은 결과물을 만드는 경우가 많았다. 취미로 빵이나 쿠키, 케이크 등을 만드는 수강생들은 조향이 베이킹과 닮았다며 즐거워하기도 했다.

후각이 뛰어나면 요리를 잘한다는 말이 있다. 바꾸어 말하면 요리를 잘하면 후각이 예리하다는 말이 된다. 평소 요리를 좋아하는 당신이라면 어쩌면 아직 발견하지 못한 조향사의 자질이 숨어 있을 수 있다. 이번 주말에는 조향 클래스를 찾아 새로운 가능성을 탐구해 보는 건 어떨까?

1초 완성 인테리어

계절이 바뀔 때면 괜히 기분이 싱숭생숭하고 집 분위기를 바꾸고 싶어진다. 그런 면에서 사계절이 뚜렷한 우리나라는 부지런하게 살 수밖에 없는 환경이다. 봄이면 봄을 맞이해서 화사하게 공간을 꾸미고, 여름에는 더위를 조금이라도 잊기 위해 시원하고 고슬고슬한 인테리어 소품을 찾는다. 가을이 되면 깊어지는 감성을 더해줌과 동시에 다가올 겨울을 대비할 소품을 찾고, 겨울이면 포근하고 아늑한 무드가 최고라고 생각한다. 예쁘게 꾸며진 공간을 싫어하는 사람은 없지만, 매번 계절에 맞게 소품을 바꾸고 새로운 아이템을 들이는 건 시간과 비용 그리고 공간까지 투자해야 하는 번거로운 일이다. 하지만 아주 쉽고 편하게 변화를 불러올 수 있는 비밀 병기가 있다. 바로 향이다.

좋은 향이 나는 사람을 매력적으로 느끼는 것만큼 향기가 채워진 공간은 특별하게 느껴진다. 사람의 첫인상에 향이 영향을 주듯이 향이 공간의 첫인상도 좌우하기 때문이다. 같은 공간에 향만 더해져도 왠지 더 근사하게 느껴진다. 특히 백화점이나 호텔 로비처럼 고급 전략이 필요한 상업 공간에서는 일찍부터 향기 인테리어를 적용했다. '고급스럽고 세련된 공간입니다'라고 굳이 말로 설명하지 않아도 우아하고 차분한 향을 공기 중에 녹여내 지향하는 무드를 자연스럽게 표현한다. 향으로 공간을 장식하는 일명 '향테리어'는 상업 공간만의 이야기가 아니다. 집 안 곳곳에 디퓨저를 배치하고 욕실에 향초를 밝히는 것도 모두 향테리어의 일환이다.

향테리어를 시작하기 위해서는 공간에 향이 필요한 이유를 먼저 파악해야 한다. 어떤 냄새를 없애기 위해 향을 덧입히는 방법과 무드를 조성하기 위해 향기를 채우는 방법은 다르다. 집 안에서 향에 가장 많이 신경 쓰는 곳은 아마 화장실일 것이다. 습기로 인한 꿉꿉함과 하수구에서 올라오는 악취는 빼놓을 수 없는 고민거리다. 만약 이웃이 화장실에서 흡연이라도 한다면 더 말할 것도 없다.

화장실 냄새를 지우기 위해 디퓨저를 갖다 두는 사람들이 많은데, 사실 화장실과 디퓨저 조합은 최적이라고 할 수 없다. 디퓨저가 향을 퍼트리는 것은 향수와 비슷하게 알코올이 증발하면서 향이 퍼져 나가는 원리다. 하지만 습도가 높은 곳에서는 알코올이 잘 날아가지 않고 향이 확산되기도 어렵다. 오히려 냄새가 더 가라앉는 경우가 많다. 화장실에서는 디퓨저보다는 직접 불꽃을 붙이는 향초가 습기도 제거하면서 냄새를 없애는 데 더 효과적이다. 즉각적으로 냄새를 없애고 싶다면 스프레이 타입의 탈취제도 좋다.

반대로 공간에 향기를 더하고 싶은 경우라면 선택의 폭이 더 넓다. 디퓨저, 인센스 스틱, 룸 스프레이 등 실내 공간을 향으로 물들이는 제품은 굉장히 다양하다. 만약 평소에 한 가지 향기에도 쉽게 질리지 않는다면 디퓨저가 제일 편한 선택지다. 주기적으로 디퓨저 막대(리드)를 뒤집어 주기만 해도 풍부한 발향을 느낄 수 있다. 공간의 용도를 다양화하고 싶다면 한 가지 향보다는 여러 향을 적용해 보는 것을 추천한다. 휴식 공간을 만드는 편안한 향과 업무 공간에 도움이 되는 개운한 향, 식사 공간에 어울리는 향은 조금씩 다르다. 지인들과 소소한 모임을 즐긴다면 평소에 잘 쓰지 않는 강렬한 인상의 향을 도전해 보는 것도 좋다. 향을 쉽게 바꾸기 위해서는 거치형 디퓨저보다는 룸 스프레이나 인센스 스틱처럼 환기하면 향을 쉽게 바꿀 수 있는 제형이 유리하다.

오래전 유행했던 의류 브랜드 중 아베크롬비 앤 피치(Abercrombie & Fitch)는 디자인만큼 향이 유명했다. 어떤 때는 옷보다 향기 존재감이 더 크게 느껴졌다. 아베크롬비와 유사한 디자인의 옷은 그 뒤로도 많이 찾아볼 수 있었지만 아베크롬비 향은 찾을 수 없었다. 한국은 물론이고 전 세계 아베크롬비 매장에는 동일한 향이 났는데, 덕분에 매장을 방문하는 순간 브랜드 아이덴티티를 강하게 각인시키는 장치로 자리 잡았다. 국내에서는 차별적 발언 등 여러 이슈로 인해 철수했지만,

아직까지도 '그 향'으로 브랜드를 기억하는 사람들이 많을 정도로 강력한 브랜딩 수단이었다.

5평 남짓한 원룸에서 첫 자취를 시작했을 때 방이 답답하게 느껴지면 향을 바꿔 주위를 환기했다. 좁은 방에 장식품을 놓으면 더 번잡스러워 보였기에 그때는 그게 주어진 공간을 꾸밀 수 있는 최선이었다. 향은 공간을 가득 채우지만 눈에 보이지 않는다. 향 덕분에 나의 5평 자취방은 고급 위스키 바가 되기도 하고, 세상에서 가장 강한 집중력이 발휘되는 독서실이 되기도 했다. 정말 마음에 드는 디퓨저를 발견해서 평생 이 향만 사용할 거라고 선언했지만 다음 계절만 되면 또 다른 인생 향을 찾았다고 기뻐하던 기억이 난다.

향은 공간을 변화시키는 힘이 있다. 그리고 공간은 사람에게 영향을 준다. 동경하고 있지만 여러 이유로 바라고만 있는 곳이 있는가? 향과 함께라면 당신이 꿈꾸는 그 공간, 불가능하지 않다.

향에도 저작권이 있을까?

2006년 네덜란드의 최고 법원에서 전 세계 향수 산업계가 주목한 판결이 내려졌다. 프랑스의 글로벌 뷰티 브랜드 랑콤(Lancome)이 네덜란드의 작은 향수 회사 케코파(Kecofa)를 상대로 소송을 제기했는데, 바로 케코파가 랑콤의 향수 '트레죠'(tresor)를 모방했다는 내용이다. 랑콤은 케코파가 트레죠 향을 카피해 '피메일 트레져'(female treasure)라는 향수를 만들고 약 10배 저렴한 가격에 판매해 피해를 입었다며 상표권 침해와 저작권 침해 소송을 동시에 제기했다. 그리고 최종적으로 네덜란드 최고 법원은 랑콤의 손을 들어줬다. 세계 최초로 향수의 저작물성을 인정한 판례가 등장한 순간이었다.

사실 당시 랑콤은 프랑스에서 먼저 소송을 제기했다. 그러나 프랑스에서는 상표권 침해와 저작권 침해 모두 해당 사항 없다는 판결을 내렸다. 케코파가 랑콤을 모방한 것이 아니라고 판단한 것이다. 2014년에도 비슷한 소송이 제기되었지만 프랑스는 그 이후에도 같은 판결을 내렸다. 프랑스뿐만 아니라 네덜란드를 제외한 어느 국가에서도 향수와 관련된 저작권 분쟁에서 향수가 독자적인 저작권을 가지고 있다고 인정하지 않는 분위기다.

향기도 그림이나 글처럼 누군가가 창조한 결과물인데 왜 저작권을 인정받지 못하는 것일까? 여러 이유가 있지만 향수 산업에 가장 영향력이 큰 프랑스 법원의 판결에 따르면, 향을 창조하는 것은 단순히 전문 지식을 적용한 결과물이며 저작권법에서 규정하는 창작물에 포함되지 않는다고 했다. 또한 명확하게 특정할 수 없다는 점도 저작권을 인정하기 어렵게 만든다고 했다. 예를 들어 라일락 향수를 맡았을 때 누군가는 라일락을 바로 떠올리겠지만 모두가 라일락만을 생각하지는 않는다는 것이다. 이뿐만이 아니다. 인간이 구분할 수 있는 향기의 종류는 제한적이기 때문에 향기에 저작권이 있다고 인정한다면 이는 곧 향의 독점으로 발전할 수 있다는 점 때문에 저작물성을 인정할 수 없다고 했다.

하지만 문제는 향수 산업이 너무나 커져버렸다는 점이다. 향기는 이제 취향의 영역을 넘어 일상적인 아이템이 되었고, 대중적인 제품부터 소수를 위한 고급 사치품까지 경제적 가치의 범위가 넓어지면서 유명한 브랜드를 모방하는 제품이 쏟아져 나오고 있다. 심지어 향수의 처방이 공개되지 않더라도 기체 크로마토그래피 기술을 활용하면 향을 구성하는 화합물의 분자량을 분석할 수 있다. 실제로 완벽히 동일하지 않더라도 80% 이상 유사한 향을 만들어 낼 수 있고, 심지어 원제품보다 훨씬 더 저렴한 가격에 유통하는 것이 가능하다. 인터넷에서 혹은 오프라인 생활용품점에서 고가의 명품 향수와 아주 흡사한 향기를 홍보하는 저가 제품이 이 경우다.

그래서 많은 향수 브랜드에서는 스스로 보호하기 위한 장치를 계속해서 마련하고 있다. 향수의 영혼인 향기가 독창적인 창작물로 인정받지 못하더라도 향수병 디자인, 브랜드명, 향기 이름, 제품 라벨과 같은 부자재 디자인은 모두 지식재산권을 주장할 수 있다. 향기의 저작물성을 인정하지 않는 프랑스에서도 'ㅇㅇㅇ을 닮은 향기'로 제품을 홍보한 회사에 대해서는 유죄 판결을 내렸다.

또한 향 분자는 특허를 신청하고 등록할 수 있기에 독립된 연구소를 갖출 수 있는 규모라면 독자적인 원료 개발에 더욱 집중하기도 한다. 향 분자를 독점하면 브랜드 고유의 향을 창조할 수 있고, 결국 완전한 복제가 불가능하기 때문에 독창성을 보호할 수 있다. 다만 특허를 받는다고 하더라도 일정 기간이 지나면 공개되므로 계속해서 새로운 원료를 연구하는 것이 필요하다.

모방은 훌륭한 훈련 방법이지만 모방에만 그쳐서는 안 된다. 2006년 네덜란드의 최고 법원 판결 이후 세계지적재산권기구(WIPO)에서는 향 저작권 분쟁이 발생한다면 피고가 원고의 향을 모방하지 않고 독립적으로 창작했다는 것을 입증해야 한다는 입장을 보이기도 했다.

수많은 시도와 실패 끝에 창조한 결과물이 너무나 쉽게 복제되는 일은 창작자의 창작 의지를 꺾고 경제적 피해까지 초래한다. 그전까지는 시장이 급속도로 팽창해 적응하는 단계였다면 이제는 적절한 보호를 마련해 줄 때가 왔다.

코 말고 머리로 향 기억하는 법

　들뜬 마음으로 조향 수업에 참여한 수강생들이 처음으로 마주하는 난관이 있다. 그중 하나가 바로 개별 향료를 맡아 보고 어떤 느낌인지를 표현해야 하는 순간이다. 향을 새로 창조하기 위해서는 향료의 특성을 알고 향을 기억하는 것이 중요하다. 그러다 보니 아무리 간단하게 진행되는 수업이더라도 단일 향료의 개성을 파악하는 시간이 필요한데, 아무래도 평소에 해 보지 않은 활동이라 어색하게 느끼는 사람이 많다. '재스민의 향은 어떻게 느껴지나요?'라는 질문을 했을 때 90% 이상의 수강생은 '좋아요' 혹은 '제 취향 아니네요'라고 대답한다. 향을 기억하기 위해서는 조금 더 구체적인 평가가 유용하지만, 이제껏 마주할 기회가 없었던 향을 단번에 몇 줄 이상 묘사하기는 불가능에 가깝다.

　당연한 일이다. 우리가 살면서 해 본 적도 없고, 할 필요도 없던 일이니까. '새로 산 샴푸의 코코넛 냄새가 좋다'라고 생각하지 '이번에 구매한 샴푸는 직전에 사용했던 제품보다 더 리치하고 크리미한 향이 느껴지는군. 약간의 달콤함 덕분에 향 자체의 무게감이 있지만 가라앉는 느낌은 아니라서 여름과 겨울 모두 손이 잘 가겠어'라고 분석하진 않는다. 나 또한 처음 조향 훈련을 시작하던 당시 직접 한계를 느껴 본 적이 있던 터라 수강생들이 입을 모아 어렵다고 말하는 부분을 찬찬히 다시 생각해 봤다. 처음에는 '향을 묘사하는 표현이 영어나 프랑스 같은 외국어가 많아서일까?'라고 생각했다. 하지만 외국인 수강생을 대상으로 수업을 진행했을 때도 비슷했다. 모국어가 영어일지라도 향 표현은 똑같이 난감해하는 모습을 보았기 때문이다.

'굳이 향을 표현할 수 있어야 하나?'라고 생각할 수 있다. 물론 그런 고민 없이도 얼마든지 향기를 즐기고 향과 함께할 수 있다. 직업으로 삼을 것이 아니라면 불필요하게 느껴질 수 있다. 하지만 향 표현에 익숙해지면 내가 원하는 향을 찾는 게 훨씬 쉬워진다. 책상 위에 올려놓을 새로운 디퓨저를 찾을 때 내가 원하는 달콤함이 복숭아 같은 과일의 달콤함인지 바닐라 같은 무겁지만 부드러운 달콤함인지 구분할 수 있다면 시행착오도 줄이고 시간과 비용도 아끼지 않겠는가? 실제로 향수 컨설팅에 참여했던 수강생 Y는 맨날 향을 표현하고 머릿속의 향 이미지를 언어로 꺼내 놓는 연습을 하다 보니 일상에서도 어휘가 풍성해져서 말을 잘한다는 칭찬을 들었다고 했다. 향을 표현하는 연습을 하면 부수적으로 말이 유려해지는 효과까지 얻어갈 수 있다.

표현만큼 중요한 능력은 향을 머릿속에 저장해 놓고 적재적소에 꺼낼 수 있는 '후각 기억' 능력이다. 종종 뛰어난 후각 능력을 타고나

야지만 조향사를 할 수 있지 않느냐는 질문을 받는다. 천부적인 후각 능력은 조향사를 꿈꾸는 학생들이 특히 지레 겁먹는 부분이기도 하다. 하지만 후각이 뛰어난 것이 꼭 천재적인 조향 능력으로 이어지지는 않는다. 조향사는 날 때부터 타고나는 것이 아니라 지속적인 교육과 훈련을 통해 만들어지는 직업에 가깝다. 그래서 후각 기억이 중요하다. 기억을 바탕으로 향료를 섞기 전부터 원하는 결과물을 불러올 수 있도록 정교하게 설계할 수 있어야 한다.

향을 기억하는 방법은 사람마다 다른데 실제 그 향기를 품고 있는 구체적인 사물이나 장면을 연상하기도 하고, 직접 겪은 경험을 떠올리기도 한다. 개인적으로는 향을 색으로 기억하는 것을 좋아하는데 향의 느낌뿐만 아니라 강도까지도 직관적으로 떠올릴 수 있기 때문이다. 실제로 향과 색을 함께 기억하는 방법은 커피의 아로마를 구분하고 판단해야 하는 바리스타가 사용하는 방법이기도 하다. 주관적 인상을 각인시킨 다음에 객관적인 조향 표현과 연결해 암기하면 더 효과적으로 머릿속에 향을 저장할 수 있다.

화장품을 좋아하는 사람은 수많은 붉은 립스틱을 보고 '하늘 아래 같은 레드는 없다'는 말에 공감할 것이다. 좋아하면 자주 보게 되고, 자주 보다 보면 더 자세히 구분하는 능력이 자연스럽게 생기지 않는가? 향도 마찬가지다. 더 많이 느끼고 생각할수록 받아들일 수 있는 향기의 범위가 넓고 깊어진다. 이미 기본 자질을 충분히 갖추었으니 표현과 기억을 조금만 연습하면 한 단계 업그레이드된 향 생활이 가능할 것이다. 향을 사랑하는 당신이 더 많은 향기를 저장할 수 있기를. 그래서 당신의 향 세계가 더 넓어지기를 희망한다.

앞으로 그려질 향의 미래

향은 내 손안에 잡아 둘 수도, 다음 기회에 재현하기도 어렵다. 심지어 공장에서 만들어지는 향조차 같은 이름에 다른 향이 담기는 경우가 허다하다. 공장에서 동일한 레시피로 향수를 만들더라도 계속해서 변하는 자연환경과 원료 규제 때문에 원료의 일관성을 보장하기 힘들기 때문이다.

당신에게 가장 인상 깊게 남아 있는 향은 무엇인가? 그 향을 느꼈던 장소, 얽힌 감정, 마주한 사람을 제외하고 향 자체만을 뚜렷하게 떠올릴 수 있는가? 아마 힘들 것이다. 향기는 항상 흐리게만 기억되는 주제에 냄새를 맡았던 순간의 장면과 감정만을 선명하게 새겨 놓는다. 처음에는 그토록 강한 인상을 남기면서도 시간이 흐르면서 자연스럽게 흩어지고 종국에는 언제 존재했었냐는 듯 흔적조차 찾기 힘들다. 그럼에도 지나간 시간을 다시 불러오는 것은 결국 향이다. 양가적인 특성을 가진 향은 그래서 더 유용하고 매혹적이다. 가장 인간적인 형태의 예술이기도 하다.

향을 품은 연기를 태우던 고대로부터 기름, 연고, 고체 덩어리 모습을 지나 지금은 액체로 보관되어 분사하는 형태가 보편적이다. 향기 자체뿐만 아니라 향을 보관하고 전하는 모습은 계속해서 변해 왔는데 앞으로의 향은 어떤 수단을 통해 전해질까? 가까운 미래에는 전자 기술로 향기를 퍼트리는 제품이 보편화될 것이라 추측한다. 이미 '전자 디퓨저'처럼 향이 분사되는 시간과 농도를 자유자재로 조절하는 모델은 종종 사용되고 있다. 심지어 여러 향료를 설치하고 분사 비율을 조절해 내가 원하는 향으로 즉석 조향까지 가능한 가전제품이 소개되고 있는데 미래에는 더 많은 하이테크 제품이 등장하지 않을까?

혹은 몸에 붙이는 패치 형태로 만들어져 애플리케이션과 연동시킨 뒤 별도로 신호할 때만 향이 분사되는 제품이 개발되어도 유용하겠다. 일할 때, 데이트할 때, 휴식할 때 등 다양한 상황에 맞추어 하루에도 몇 번씩 어울리는 향으로 연출이 가능할 것이다. 완벽하게 개인화되어 의뢰인에게 딱 맞춘 향의 등장도 기대된다. 유전자 분석으로 내가 가진 고유의 체취를 분석하고 체취와 시너지를 일으킬 수 있는 향을 블렌딩하여 개발된 시그니처 제품이 출시된다면 누구보다 먼저 경험하고 싶다.

시대가 선호하는 향기도 살아 있는 유기체처럼 문화를 반영하며 다양한 흐름을 겪어 왔다. 몇 세기가 지나도 변함없이 사랑받는 향기조차도 그 향을 풀어내는 방식과 조합은 계속해서 변화한다. 시트러스 노트 혹은 플로럴 노트처럼 본능에 새겨진 듯 시대와 인종을 넘어 찾게 되는 향기도 그 처방은 끊임없이 수정된다. 앞으로 펼쳐질 미래에는 어떤 냄새가 지배하게 될까? 화학의 발전으로 오늘날 우리 앞엔 유례없이 풍성한 향 선택지가 있다. 과거라면 상상하기 힘든 추상적인 향까지도 화학적 합성을 통해 만들어졌다. 더 많은 재료가 갖추어진 만큼 더 충격적이고, 새롭고, 혁신적인 시도가 이루어지길 바란다. 또 한편으론 냄새를 분석하고 재현하는 기술이 발달해 지금은 자료로만 남아 있는 우리나라 정서를 담은 향도 더욱 많이 등장하기를 소망한다.

향은 들이마시는 것만으로도 기분이 좋아지고 마음이 편안해지는 아주 기특한 기능을 한다. 최근에는 후각이 기억과 감정에 직접적으로 관여한다는 사실에 기반해 치매 예방과 개선, 우울증 및 정신 건강 관리 등 의학적 측면에서 향기를 활용하는 연구가 계속되고 있다. 후각은 뇌까지 단거리로 연결되어 있으면서 본능적인 감각이라 어려움에 부닥치면 후각 의존도가 증가한다고 한다. 언젠가는 향기가 개인의 기호품을 넘어 점점 더 복잡해지는 현대 사회에서 긍정적인 에너지를 제공하는 수단이 되어 더 많은 사람에게 도움이 되길 바란다.

"무한한 공간 저 너머로." 애니메이션 〈토이 스토리〉 시리즈에 등장하는 버즈의 캐치프레이즈(Catchphrase)다. 비록 액션 피규어에 불과하지만 우주 비행사의 정체성으로 똘똘 뭉친 버즈는 미지의 세계에 도전하는 것을 두려워하지 않는다. 앞으로 펼쳐질 새로움에 대한 설렘과 기대, 실패에 꺾이지 않는 열정 등 많은 감정을 담은 표현이라 참 좋아한다. 한계를 뛰어넘어 그 너머까지, 향의 세계가 어디까지 뻗어나갈 수 있을지 앞으로도 함께하며 지켜보고 싶다.

TIP. 잊힌 향수를 찾아서

잊힌 향수는 사라져야 하는가? 원료 규제로, 생산 문제로 혹은 브랜드 존속 문제로 더 이상 만나 볼 수 없는 향수들이 문득 궁금할 때가 있지 않은가? 이 책에서 살펴봤던 훌륭한 고전들을 빈티지 향수로라도 만나게 된다면 매우 운이 좋은 일이지만, 그런 기회가 주어지지 않는다면 그저 상상 속에서만 만날 수밖에 없는 것일까?

잊힌 향수를 만나고 싶다면 다음 휴가는 프랑스로 떠나 보자. 아름다운 풍경과 훌륭한 음식, 수많은 역사적 관광지 속에 향수 애호가의 발걸음을 사로잡을 보물 같은 장소가 있다. 바로 베르사유에 있는 '오스모테크'(Osmothèque)다. 베르사유는 베르사유 궁전으로 유명하지만 권위 있는 조향 학교 '이집카'가 있는 지역이기도 하다. 얼마나 아름다운 지역이

길래 유네스코 세계 문화유산으로 지정된 궁전과 세계 최고 조향 스쿨이 모두 함께 있는 것일까? 오스모테크는 이집카 캠퍼스 속에서 조용하지만 강하게 존재감을 뿜어내고 있다.

향기라는 뜻의 'Osmè'와 창고를 의미하는 'Theke'의 합성어로 만들어진 '오스모테크'는 세계 유일의 향기 보관소다. 향기 유산이 사라지는 것을 두고만 볼 수 없던 12명의 조향사가 모여 1990년 후세를 위한 향기 보관소를 설립했다고 한다. 향기가 전해지지 않는 향수란 아무런 의미가 없기 때문이다.

4,000여 개에 달하는 오스모테크의 컬렉션 중 800개는 이미 세상에 존재하지 않는 사라진 향수다. 오직 오스모테크에서만 숨 쉬고 있다. 이 방대한 컬렉션에는 겔랑의 역작 '지키'(Jicky), 푸제르 계열의 뼈대를 세운 '푸제르 로얄', 꼬띠의 '시프레' 등이 있다. 이름만 보아도 가슴이 뛰는 보물 그 자체다. 수많은 조향 하우스에서 향을 기증하고 있어 컬렉션에는 오래된 역사적 향수뿐만 아니라 아주 최신의 향도 계속 업데이트되고 있다.

오스모테크에서는 이미 단종되어 원 제품을 보존할 수 없는 경우 최대한 원형의 향을 복원하기 위한 연구를 계속하고 있다. 또한 오스모테크는 둘도 없는 향수 컬렉션뿐만 아니라 이제는 더 이상 찾을 수 없는 조향 베이스 그리고 향수 처방전도 지키고 있는데, 각 조향 하우스에서 자료 보존과 후세 발전을 위해 맡긴 유산이다. 그렇게 오스모테크는 그 당시의 처방과 그 당시의 원료를 사용해 향을 다시 부활시키는 기적을 행하고 있다.

경이롭게도 이 오스모테크에서 보관하고 있는 컬렉션을 직접 경험해 볼 수 있는 기회가 있다. 모든 향수는 산화를 막기 위해 빛을 차단하고 온도는 12°C로 유지되는 장소에서 보관하며 이곳을 아르곤 층으로 보호하고 있다. 하지만 일부 컬렉션은 제한된 조건에서 직접 맡아 볼 수 있다. 물론 방문하기 전 예약은 필수다. 향수의 살아 있는 역사를 단 하나라도 내 코로 들이마실 수 있다니 정말 설레는 일이 아닌가.

학술적으로도 오스모테크는 굉장히 활발하게 활동하고 있다. 한 해에 약 150차례에 달하는 콘퍼런스를 개최해 향을 사랑하는 누구나 향에 대해 더욱 깊이 파고들 수 있도록 기회를 제공하고 있다. 또 직접 운영하는 블로그에도 향수 관련 기사를 게시해 전문적인 지식을 나눈다. 웹사이트에서 직접 운영하는 온라인 상점에서는 향수와 조향 원료를 다룬 서적과 나폴레옹의 향수, 조향 훈련 교구 등도 소개하고 있다. 누구나 이메일로 직접 주문해 받아 볼 수 있다. 향수 전문가, 학생, 아마추어 조향사, 산업 관계자, 일반 대중 할 것 없이 향을 사랑하는 사람 모두에게 역사적 유산을 남기고, 연구로 얻은 지식을 다시 전달하는 것이 오스모테크의 사명이다.

오스모테크는 비영리 기관으로 기부금과 보조금, 후원회의 갹출금으로 운영된다. 1년짜리 유료 멤버십 제도를 운영하고 있는데 공식적인 멤버로 가입하면 멤버 전용 콘퍼런스나 활동 등 다양한 프로그램에 참가할 수 있다. '향수를 입양하세요.'(Adopt a Perfume)라는 후원금 제도도 운영하고 있는데, 오스모테크의 향수 컬렉션 중 하나를 지정해서 보존과 연구를 위한 후원금을 전달할 수 있다. 만약 거부할 수 없는 이끌림을 느낀 운명의 향수가 있다면 사랑을 표현할 수 있는 하나의 방법일 것이다.

향수에 의한 향수를 위한 천국 오스모테크는 조향계의 소중한 유산이다.
프랑스를 여행할 기회가 온다면 꼭 방문해 보길 추천한다.

- · 주소: 36 Rue du Parc de Clagny 78000 Versailles, France
- · 웹페이지: https://www.osmotheque.fr
- · 인스타그램: https://www.instagram.com/osmothequeparf/
- · 이메일: boutique@osmotheque.f

에필로그
향을 사랑할 수밖에 없는 이유

향을 만드는 과정은 수많은 실패와 시도로 이루어진다. 표현하고자 하는 주제를 구체적으로 정한 뒤 적절한 조향 베이스를 찾고 각 베이스의 비율을 조정하는 과정이 필수다. 이 과정에서 사용하는 조향 베이스는 여러 화합물을 조합해 만들어진다. 예를 들어 '봄날의 공원'을 주제로 향을 만든다면 라일락, 장미, 그린, 머스크 등의 조향 베이스를 섞을 수 있을 것이다. 이때 사용되는 '라일락 베이스'는 부드러우면서도 신선한 느낌을 주기 위해 DMBC, 하이드록시 시트로넬랄, PEA 등의 화합물 조합으로 만들어진다. 즉, 조향 베이스 자체도 이미 많은 향이 섞여 만들어지기 때문에 종류에 따라 다른 향과 블렌딩하지 않아도 풍성한 느낌을 주기도 한다. 그래서 실제로 수업하다 보면 가끔 다른 향료를 섞지 않고 한 가지 향으로만 향수를 만들고 싶다고 말하는 수강생을 만나기도 한다.

모든 향에는 각자의 매력이 있다고 생각하지만, 그중에서도 유난히 좋아하는 로즈 베이스가 있다. 추가 블렌딩 없이 이 로즈 베이스 한 가지만으로 향수를 만들고 싶을 만큼 화려하게 피어나는 장미를 충분히 표현했다고 느껴졌다. 화려하면서도 장미라는 주제를 선명하게 표현함과 동시에 풍성한 표현력까지. 드러내 놓고 표현하진 않았지만 존재 자체로 '주인공'이라는 느낌이 드는 향이다.

향을 공부하던 시기 정말 맡기 힘들어했던 향도 있었는데 바로 클로브 베이스다. 일명 '정향'이라는 향신료의 향인데 프레드릭 말 등 고급 향수에 종종 쓰이는 향료라서 향을 공부하기 전에는 어떤 향일지 매우 궁금했었다. 클로브 베이스를 처음 시향했을 때의 충격이란. 부푼 마음을 안고 숨을 들이켰으나 느껴지는 것은 치과, 그것도 고통의 치료가 끝난 후 입 안에서 느껴지던 바로 그 치과의 향이었다. 과연 이 향이 다른 향과 조화를 이룰 수 있을까? 장미가 주인공이라면 클로브는 혼자만의 세계를 구축해 고독을 즐기는 '아싸' 같았다.

사실 후각 훈련을 하다 보면 언제나 좋은 향만 맡을 수는 없다. 생각보다 자주 고민하게 되는 향을 만나기도 한다. 그 당시 나에게 클로브는 그런 향이었다. 그래서 일단 클로브는 미뤄두고 첫눈에 반한 로즈 베이스를 가지고 향료를 조합하기 시작했다. 그런데 몇 번의 조합을 시도해도 무언가 부족한 느낌이 가시질 않았다. '분명 더 좋은 방법이 있을 것 같은데', '거의 다 온 것 같은데' 하는 답답한 마음에 계속 향료 병만 들여다보다 문득 클로브에 손이 갔다. 많이는 무서우니까 딱 한 방울만. 클로브의 자기주장이 너무 세지 않도록 조심히. 그리고 다시 시향. 찾았다. 아직 몇 번의 수정이 더 필요했지만 희망이 보였다. 그리고 완성된 향은 원래의 로즈 베이스보다도 더 장미 같은 화사하고 풍성한 향이었다.

영원한 주인공도 영원한 조연도 없다. 그 자체로 완벽해 보였던 로즈 베이스도 결국 다른 향과 섞였을 때 장미로 피어날 수 있었다. 모든 향이 적절한 자리에서 제 몫의 역할을 해야만 비로소 하나의 향이 탄생한다. 존재감이 약한 향이라도, 혹은 꺼려지는 향이라도 결국 그 향만이 할 수 있는 역할이 분명히 존재한다. 이러니 어떻게 향과 사랑에 빠지지 않을 수 있을까.

조향할 때 가장 중요한 재능은 무엇인지에 대해 다양한 의견이 존재한다. 누군가는 후각의 예민함을, 누군가는 상상력을, 누군가는 언어적 표현 능력을 주장한다. 내가 생각하는 가장 중요한 재능은 균형을 잡는 능력이다. 조향에서는 겸손과 조화가 가장 중요하기에 향과 향 사이 그리고 상상과 표현 사이 균형을 섬세하게 잡을수록 훌륭한 향이 나온다. 그런데 한 권의 책을 완성할 때도 비슷한 마음가짐이 필요하다는 것을 알게 되었다. 하고 싶은 이야기와 읽고 싶은 이야기 사이의 균형을 찾는 것은 나에겐 새로운 도전이었다. 책을 준비하는 모든 시간 동안 부족함을 느끼고 때로는 벽을 느끼기도 했다. 그때마다 나는 혼자가 아니었다. 주위에 고민을 꺼내 놓을 때마다 미리 그 길을 가 보았던 선배가, 나를 응원하는 사람들이, 나를 기다려 주는 사람들이 항상 손을 잡아 주었다. 이 도전을 완주할 수 있었던 것은 모두 이런 손길이 모였기에 가능했다.

나는 향을 주제로 교육 프로그램을 개발하고 제품을 기획하며 비즈니스 컨설팅까지 진행한다. 다양한 영역으로 확장하다 보니 공방이나 브랜드 론칭을 꿈꾸는 예비 사업가를 자주 마주한다. 처음 창업할 당시에는 참 무식하게 굴렀다. 당시에는 경험도 노하우도 부족해 직접 부딪치고 깎이면서 배우고 성장했는데 돌이켜 보니 '무식하면 용감하다'는 말이 이것이구나 싶다. 그때는 몰랐지만 지금은 그것이 고통이었음을 안다. 그래서 적어도 내가 마주하는 분들은 조금이라도 덜 힘들 수 있도록 내가 가진 것을 나누기 위해 노력한다. 처음 시작하기까지 얼마나 큰 용기가 필요한 줄 알기에 모든 시작을 응원하고 가능한 현실적인 길을 함께 찾는다.

준비하지 않고 창업하는 사람은 없다. 이제껏 만난 대표 및 예비 사업가

들은 모두 열과 성을 다해서 정말 열심히 준비했다. 아이템을 찾고 끊임없이 고민하고 계속해서 다듬는다. 때로는 비싼 돈을 들여 교육받는 것을 마다하지 않고 아이템에 대한 컨설팅을 받기도 한다. 요즘은 창업을 위한 경험을 쌓기 위해 관련 업계에 취업하고 회사에서 경험을 쌓는 경우도 많다. 비용뿐만 아니라 시간까지도 투자하는 것이다. 하지만 잔인하게도 시작하는 모든 사업이 성공하지는 않는다.

부족한 부분이 있다면 보완할 수 있는 동료를 찾거나 혹은 1인 기업으로 시작하고자 하는 경우는 나 자신을 멀티 플레이어로 훈련시켜야 한다. 성공적으로 창업하기 위해서가 아니라 튼튼하게 살아남을 수 있도록 많은 시간과 비용을 집중하는 것이 필요하다. 그리고 그 과정에서 내 사업의 핵심 무기라고 생각되는 부분을 꼭 찾기를 당부한다.

내가 하고 싶은 일을 하며 살 수 있는 것은 내가 잘나서가 아니라 운이 좋아서임을 항상 되새긴다. 그래서 당연하게 생각하지 않고 항상 나누려고 노력한다. 예전에 우연한 기회로 카카오 홍보 이사와 배달의민족 커뮤니케이션 총괄 이사를 역임한 관점 디자이너 박용후 대표님의 강연을 들은 적이 있다. 정말 많은 인사이트를 얻을 수 있는 귀중한 시간이었지만 그중에서도 "인맥은 내가 아는 사람이 아니다. 내가 도운 사람이 나의 인맥이다"라는 말이 큰 울림으로 남았다. 보통 사업가에게 가장 중요한 것이 인맥이라고 하지 않는가? 그렇다면 내가 누군가를 도울 기회를 마주하는 것부터가 나의 소중한 인맥을 키워 주는 아주 럭키한 일이 아닐까?

향 때문에 만나서인지 향으로 만난 분들과는 모두 향기로운 인연이 이어지고 있다. 곧은 의지와 분명한 지향점, 세상을 바라보는 따뜻한 시선을 가진 분들이 참 많다. 서로에게 건강한 자극이 되고 또 든든한 버팀목이 되면서 함께 성장하는 관계가 늘어나고 있다. 건강한 하루를 보낼 때면 항상 생각한다. 정말, 향을 시작하길 참 잘한 것 같다.

참고문헌

프롤로그

- 엄마가 당근을 먹자 태아가 웃었다…"임신 중 입맛 길들일 수도", 2022.09.28., 한겨레
   https://www.hani.co.kr/arti/science/science_general/1060442.html
- 아동발달심리학 〔제10판〕 180pg
- "향수, 향에 상상력 · 영감 불어넣어야 탄생", 2015.04.07., 경향신문
   https://m.khan.co.kr/people/people-general/article/201504072135065#c2b

제 1 장

오 드 코롱 향을 아시나요?

- https://farina1709.com/gb/12-farina-1709-eau-de-cologne
- https://www.thetimes.co.uk/article/napoleon-bonaparte-poisoned-by-his-own-deadly-cologne-8stt7nkwp

농구 선수 등번호 13번에서 시작된 향수

- https://www.byredo.com/us_en/
- https://buro247.me/fashion/news-fashion/byredo-s-ben-gorham-discusses-launching-leather-go/

오드리 헵번만을 위한 향

- https://www.givenchybeauty.com/us/p/l-interdit-F10100099.html
- https://www.fortunebusinessinsights.com/home-fragrance-market-102422
- Statista, Fragrances - United States
- 〔박연미 디자이너의 세계 명품 이야기〕 현대적 우아함의 미학 '지방시', 2023.05.15, 매일신문
   https://news.imaeil.com/page/view/2023051512271165936

예술가의 감성을 향수에 입히다

- https://www.diptyqueparis.com/

오직 향을 위한 향수 실험실

- https://www.lelabofragrances.com/

꼭 향이 나야만 향수일까?

- https://www.juliettehasagun.com/
- https://www.histoiresdeparfums.com/
- https://www.dsanddurga.com/

TIP. 조향사가 하는 일

- 직업탐구 -별일입니다- 조향사 서지운, EBSCulture(EBS 교양)
  https://www.youtube.com/watch?v=TLsRyJuJ04o
- https://dream.kotra.or.kr/dream/cms/news/actionKotraBoardDetail.do?MENU_
  ID=2430&pNttSn=173954

제 2 장

기원전 2000년에 만들어진 향수 공장

- Bronze Age perfume 'discovered', 2005.03.19., BBC NEWS
  http://news.bbc.co.uk/1/hi/world/europe/4364469.stm
- More than a scent: Cyprus promoting its perfume past, 2019.05.12., Phys.org
  https://phys.org/news/2019-05-scent-cyprus-perfume.html

레오나르도 다 빈치의 숨겨진 직업

- Leonardo da Vinci's secret scented formula, The Perfume Society
  https://perfumesociety.org/leonardo-da-vincis-secret-scented-formula/

물은 더럽고 향수는 안전해요

- Medieval Hygiene, 2018.12.07., https://www.worldhistory.org/Medieval_Hygiene/
- 콜렉티프 네 지음, 잔 도레 엮음, 제레미 페로도 그림/만화, 김태형 번역, 《향수 A to Z》, 미술문화, 2022, 22-25 페이지.

고대 그리스인들의 향수 사랑

- THE ANCIENT GREEKS: BODY-CONSCIOUS AND FRAGRANT, The Perfume Society
  https://perfumesociety.org/history/the-ancient-greeks/
- [이상훈 원장 인문칼럼] 5. 이집트 여왕, 클레오파트라의 코 높이에 대한 역사 문화적 풀이, 2022.11.01., 헬스인뉴스
  http://www.healthinnews.co.kr/news/articleView.html?idxno=33121

가장 오래된 향수와 최초의 조향사

- https://ancientegyptonline.co.uk/kyphi/
- https://egymonuments.gov.eg/
- Ancient Egyptian 'head cone mystery' solved by archaeologists, 2019.12.15., National Geographic
  https://www.nationalgeographic.co.uk/history-and-civilisation/2019/12/ancient-egyptian-head-cone-mystery-solved-by-archaeologists
- The 3,200-Year-Old Perfume Of Tapputi, The First Female Chemist In History, Came To Life Again, 2022.07.25., The Archeologist
  https://www.thearchaeologist.org/blog/the-3200-year-old-perfume-of-tapputi-the-first-female-chemist-in-history-came-to-life-again

조상님들의 머스트 해브 아이템

- 이경희(2011). 조선 시대 향문화와 의생활. 부산대학교 대학원 박사학위논문. 2011.
- 김경희(2007). 香囊을 모티브로 한 技能性 裝身具 디자인에 關한 硏究.
- 하수민(2023). 조선후기 왕실 향 문화와 香匠 연구. 한국전통문화연구, 31, 7-47.
- 이경희, 이주영, 권영숙(2005). 우리나라 전통 향의 용도와 성격적 특성. 한국의류산업학회지, 7(4), 394-400.

- 황진이 피부 & 머릿결 만드는 전통 미용법. 2007.01.09., 여성동아
  https://woman.donga.com/style/3/01/12/136605/1

조선 시대 만능 응급 키트

- 이경희(2011). 조선 시대 향문화와 의생활. 부산대학교 대학원 박사학위논문. 2011.
- 하수민(2023). 조선후기 왕실 향 문화와 香匠 연구. 한국전통문화연구, 31, 7-47.
- 이경희, 이주영, 권영숙(2005). 우리나라 전통 향의 용도와 성격적 특성. 한국의류 산업학회지, 7(4), 394-400.

종교의 향, 비나이다 비나이다

- 하수민(2023). 조선후기 왕실 향 문화와 香匠 연구. 한국전통문화연구, 31, 7-47.
- 이경희, 이주영, 권영숙(2005). 우리나라 전통 향의 용도와 성격적 특성. 한국의류 산업학회지, 7(4), 394-400.

제 3 장

- Fragrances of the World, 2022, Michael Edwards
- 콜렉티프 네 지음, 잔 도레 엮음, 제레미 페로도 그림/만화, 김태형 번역, 《향수 A to Z》, 미술문화, 2022.
- 파트리크 쥐스킨트 지음, 강명순 번역, 《향수: 어느 살인자의 이야기》, 열린책들, 2021.

제 4 장

오래가는 향수를 찾으시나요?

- https://www.trademap.org/Country_SelProduct.aspx?nvpm=%7c%7c%7c%7c%7c
  TOTAL%7c%7c%7c2%7c1%7c1%7c2%7c1%7c%7c2%7c1%7c%7c1

이미지 메이킹 끝판왕

- 첫인상 5초의 법칙, 2004, 한경
- https://www.chanel.com

뿌리는 곳에 따라 달라지는 향기

- Does applying petroleum jelly under your perfume make the scent last longer?, 2022.02.04, The Guardian
  https://www.theguardian.com/fashion/2022/feb/04/does-applying-petroleum-jelly-under-your-perfume-make-the-scent-last-longer

같은 향수인데 왜 나에게선 그 향이 안 날까?

- 〔황승진의 마이크로바이옴〕좋은 향기와 나쁜 냄새의 차이…미생물에 있었네, 2021.07.15, 매일경제
  https://www.mk.co.kr/news/economy/9951916
- Perfumer Jo Malone shows how she can sniff out cancer, 2017.03.17, ITVnews
  https://www.itv.com/news/2017-03-17/perfumer-jo-malone-shows-how-she-can-sniff-out-cancer

TIP. 향기와 마케팅

- Harvest Consulting Group, 2001
- 여행지, 호텔에서의 추억을 향(香)으로 기억하게 하는 '향기 마케팅' 주목, 2022.11.18, 디지틀조선일보
  https://digitalchosun.dizzo.com/site/data/html_dir/2022/11/18/2022111880137.html
- 광화문 교보문고 들어가면 나는 '냄새'가 방향제로 나왔다, 2018.05.14., 인사이트
  https://www.insight.co.kr/news/155267
- https://smtownandstore.com/

제 5 장

향이 품고 있는 추억 조각들

- 잃어버린 시간을 찾아서, 2022, 마르셀 프루스트
- The proust effect: Scents, food, and nostalgia, 2023, Jeffrey D. Green, Chelsea A. Reid, Margaret A. Kneuer, Mattie V. Hedgebeth
- https://www.givaudan.com/
- 〔건강라이프〕향기와 기억의 상관관계…후각 훈련이 '뇌 회복' 돕는다, 2023.04.09, SBS
  https://news.sbs.co.kr/news/endPage.do?news_id=N1007147206&plink=ORI&cooper=NAVER
- 〔인생3막 기업〕향기로 노인 인지능력 높이는 '민트웨이', 2023.03.23, 아시아경제
  https://view.asiae.co.kr/article/2023032122345218350

향에도 저작권이 있을까?

- 레시피와 향수의 저작권, 2021.09.17, 충청도민일보
  http://www.dominilbo.com/news/articleView.html?idxno=8860
- 〔현지원 변호사 칼럼〕네덜란드 대법원은 왜 향수의 저작물성을 인정했나?, 2017.01.06, 뷰티한국
  http://www.beautyhankook.com/news/articleView.html?idxno=51556#0FZs

TIP. 잊힌 향수를 찾아서

- https://www.osmotheque.fr/en/

향기가 좋으면
아무래도 좋으니까

초판인쇄 2024년 4월 10일
초판 2쇄 2024년 5월 13일

글쓴이 정명찬
일러스트 이민원
발행인 채종준

출판총괄 박능원
책임편집 유나영
디자인 서혜선
마케팅 전예리·조희진·안영은
전자책 정담자리
국제업무 채보라

브랜드 크루
주소 경기도 파주시 회동길 230(문발동)
투고문의 ksibook13@kstudy.com

발행처 한국학술정보(주)
출판신고 2003년 9월 25일 제406-2003-000012호
인쇄 북토리

ISBN 979-11-7217-181-0 03570